FORSCHUNGSBERICHTE
DES WIRTSCHAFTS- UND VERKEHRSMINISTERIUMS
NORDRHEIN-WESTFALEN

Herausgegeben von Staatssekretär Prof. Leo Brandt

Nr. 277

Dr.-Ing. W. Müchler

Forschungsinstitut an der Fachschule für Metallgestaltung und Metalltechnik, Solingen
Leitender Direktor: Dipl.-Ing. Stüdemann

Untersuchung und zahlenmäßige Bestimmung der Schneideigenschaften von Messern mit besonderer Berücksichtigung rostfreier Messerstähle

Als Manuskript gedruckt

SPRINGER FACHMEDIEN WIESBADEN GMBH

1956

ISBN 978-3-663-03802-3   ISBN 978-3-663-04991-3 (eBook)
DOI 10.1007/978-3-663-04991-3

Forschungsberichte des Wirtschafts- und Verkehrsministeriums Nordrhein-Westfalen

G l i e d e r u n g

I. Vorwort . . . . S. 5

II. Einleitung . . . . S. 5

III. Der Einfluß der Härtetemperatur auf Härte und
Schneideigenschaften . . . . S. 7

    1. Durchführung der Härtungen . . . . S. 7

    2. Beurteilung des Härtegefüges . . . . S. 7

    3. Der Härteverlauf . . . . S. 16

    4. Der Einfluß der Härtetemperatur auf die Schartigkeit . . S. 19

    5. Messung der Schneideigenschaften . . . . S. 20

IV. Der Einfluß des Anlassens auf Härte und Schneideigenschaften . . . . S. 26

V. Die Wirkung der Unterkühlung . . . . S. 35

VI. Der Einfluß der Wärmebehandlung auf die elastische
Biegefähigkeit rostfreier Messerklingen . . . . S. 37

VII. Zusammenfassung . . . . S. 45

VIII. Literaturverzeichnis . . . . S. 47

Forschungsberichte des Wirtschafts- und Verkehrsministeriums Nordrhein-Westfalen

I. Vorwort

Das vorliegende Heft ist die zweite Teilveröffentlichung aus einer Arbeit, die auf Anregung des "Fachverbandes Schneidwarenindustrie e.V." im Forschungsinstitut an der Fachschule für Metallgestaltung und Metalltechnik in Solingen durchgeführt wurde. Die erste Teilveröffentlichung erfolgte in Heft 177 dieser Schriftenreihe.

Die Arbeit wurde von der Fakultät für Maschinenwesen der Technischen Hochschule Carolo Wilhelmina zu Braunschweig als Dissertation genehmigt. Die wissenschaftliche Betreuung und Förderung derselben lag in Händen meiner hochverehrten Lehrer, der Herren Prof. Dr.-Ing. G. PAHLITZSCH, Inhaber des Lehrstuhls für Werkzeugmaschinen und Fertigungstechnik und Direktor des Institutes für Schleif- und Poliertechnik an der Technischen Hochschule Braunschweig, und Prof. Dr.-Ing. habil. W. HOFMANN, Inhaber des Lehrstuhls und Direktor des Instituts für Werkstoffkunde und Schweißtechnik an der Technischen Hochschule Braunschweig, denen ich zu großem Dank verpflichtet bin. Ihre vielseitigen Anregungen und die stets dankbar empfundene Ausrichtung meiner Arbeit waren für mich Ansporn und gern erfahrene wissensmäßige Bereicherung!

Die Durchführung der Forschungsarbeit wurde durch Bereitstellung von Forschungsmitteln des Wirtschafts- und Verkehrsministeriums des Landes Nordrhein-Westfalen und deren Zuteilung durch das Kuratorium des Forschungsinstitutes der Fachschule für Metallgestaltung und Metalltechnik, Solingen, ermöglicht. Den Herren des Kuratoriums bin ich dafür ebenso wie für die vielfache praktische Unterstützung seitens ihrer Industriebetriebe Dank schuldig. Insbesondere bin ich auch Herrn Direktor Dipl.-Ing. H. STÜDEMANN sehr verbunden für die wertvollen Hinweise und Ratschläge aus seiner reichen Erfahrung, durch die er den Fortgang der Arbeit allzeit mit größtem Interesse gefördert hat.

II. Einleitung

Über die richtige Härtetemperatur rostfreier Messerklingen gehen die Meinungen in Fachkreisen noch sehr auseinander. Die Härtevorschriften der Stahlwerke sprechen zum Teil vom Temperaturen unterhalb $1000°$, in den Solinger Betrieben findet man angewandte Temperaturen zwischen $850°$ und $1050°$, und eine Patentschrift über die Anwendung der Tiefkühlung enthält sogar die Angabe, daß Klingen von $1100°$ bis $1200°C$ abgeschreckt werden müssen, um ein austenitisches Gefüge zu erhalten, welches dann durch anschließende Unterkühlung rein martensitisch werden soll.

Dieser kurze Einblick zeigt bereits, daß Härtetemperaturen im ganzen Bereich zwischen 850° und 1200° angewendet werden. Die genannten hohen Temperaturen finden allerdings nur auf Stähle Anwendung, die etwas höher im Cr- und C-Gehalt liegen. Jedoch allein die Tatsache, daß so verschiedenartige Härtungen üblich sind, weist darauf hin, daß man sich über die Härtung, die die besten Schneideigenschaften liefert, offenbar noch nicht im Klaren ist. Man läßt sich bei der Wahl der Härtetemperatur meist vom Bestreben nach guter elastischer Biegefähigkeit oder auch lediglich von Wirtschaftlichkeitsüberlegungen leiten. Allgemein herrscht die Meinung vor, daß sich die Schneideigenschaften proportional zur Härte verhalten. Die Richtigkeit oder Unrichtigkeit dieser Annahme soll in den folgenden Untersuchungen[1] nachgeprüft werden. Ferner soll die Abhängigkeit der Schneideigenschaften vom Karbid- und Restaustenitgehalt einer Klinge untersucht werden. Leider bestand für die Untersuchungen keine Möglichkeit, den Restaustenitgehalt prozentual exakt zu bestimmen. Die Schaffung dieser Möglichkeiten (Bau einer magnetischen Waage, Sättigungsmagnetisierungen, Dilatometermessungen) lagen außerhalb des Rahmens dieser Arbeit und bleiben noch für nachfolgende Forschungen offen.

Die Messungen der Schneideigenschaften, unter denen Schneidfähigkeit und Standfähigkeit der Klingen verstanden werden, wurde mit dem vom Verfasser entwickelten Schneidenprüfgerät durchgeführt, über das in Heft 177 dieser Schriftenreihe berichtet wird. Das Gerät arbeitet in der Weise, daß die Klingen durch stetiges Schneiden von Manila-Kartonstreifen, die am Umfang einer mit konstanter Drehzahl rotierenden Walze axialverschieblich angeordnet sind, abgestumpft werden.

Die zu prüfende Klinge wird dabei so eingespannt, daß die Schnittkraft mit zunehmender Abstumpfung größer wird und induktiv gemessen werden kann. Die Höhe der auftretenden Schnittkraft wird als Maß für die Schneidfähigkeit angesehen, die Zunahme der Schnittkraft infolge Stumpfung der Klinge - auf den Schneidweg bezogen -, erlaubt eine Aussage über die Standfähigkeit. Der Schneidweg ist durch Auszählen der Anzahl der Walzenumdrehungen

---

1. Diese Untersuchungsergebnisse sind einer von der TH Braunschweig (Institut für Werkstoffkunde und Schweißtechnik, von Prof.Dr.-Ing. habil. W. HOFMANN) genehmigten Dissertation des Verfassers (6) entnommen.

genau bestimmbar. Er ist in den nachfolgenden Abbildungen mit U (Umdrehungen) bezeichnet.

Mit den Meßwerten, die das beschriebene Schneidenprüfgerät liefert, konnte ein Schneidenkennwert S = A/B geschaffen werden. Dabei bedeutet $A = \frac{1}{a}$ den reziproken Neigungsfaktor der Stumpfungskurve, die das Gerät mittels Tintenschreiber aufzeichnet, und $B = \frac{1}{b}$ den reziproken Wert der kleinsten auftretenden Schnittkraft.

Größere A- und B-Werte bedeuten also bessere Schneideigenschaften.

III. Der Einfluß der Härtetemperatur auf Härte und Schneideigenschaften

1. Durchführung der Härtungen

Für die nachfolgenden Reihenuntersuchungen wurden aus Band geschnittene Klingen aus rostfreiem Stahl mit 13,75 % Cr und 0,42 % C verwendet. Zur Härtung im Temperaturbereich 960 °C bis 1300 °C stand ein Elektroden-Salzbad "Durferrit" zur Verfügung. Tiegelgröße 22/30 cm, Füllung mit Carbo-Neutral-Salz. Die Badtemperatur war stufenweise regelbar und wurde thermoelektrisch gemessen und zur Kontrolle mit optischen Pyrometern überwacht. Es wurden Haltezeiten von 2 und 5 Minuten eingehalten. Unter Haltezeit ist bei diesen Versuchen die Zeit vom Eintauchen der kalten Klingen bis zum Herausnehmen aus dem Bad zu verstehen. Die Versuchsreihe mit der Haltezeit von 2 Minuten wurde nur zu Härteprüfungen ausgewertet. Die gesamten andern Untersuchungen wurden mit Klingen durchgeführt, deren Haltezeit 5 Minuten betragen hatte. Es wurden Temperaturstufen mit einem Abstand von jeweils 20 °C gewählt.

Durch Abschrecken in Öl trat kein Härteverzug auf. Zwei versuchsweise in Wasser abgeschreckte Klingen wiesen so starken Härteverzug auf, daß sie beim Richten zerbrachen.

2. Beurteilung des Härtegefüges

Im gesamten Härtetemperaturbereich zwischen 960° und 1300 °C wurden Gefügeuntersuchungen durchgeführt, von denen auf Seite 10 die Schliffbilder von 6 bei verschiedenen Temperaturen gehärteten Klingen wiedergegeben sind. Als Ätzmittel wurde kalte V2A-Lösung benutzt.

Für den verwendeten Stahl waren vom Lieferwerk keine Zustands- und Umwandlungsschaubilder erhältlich. Die Abbildungen 1 und 2 wurden nach

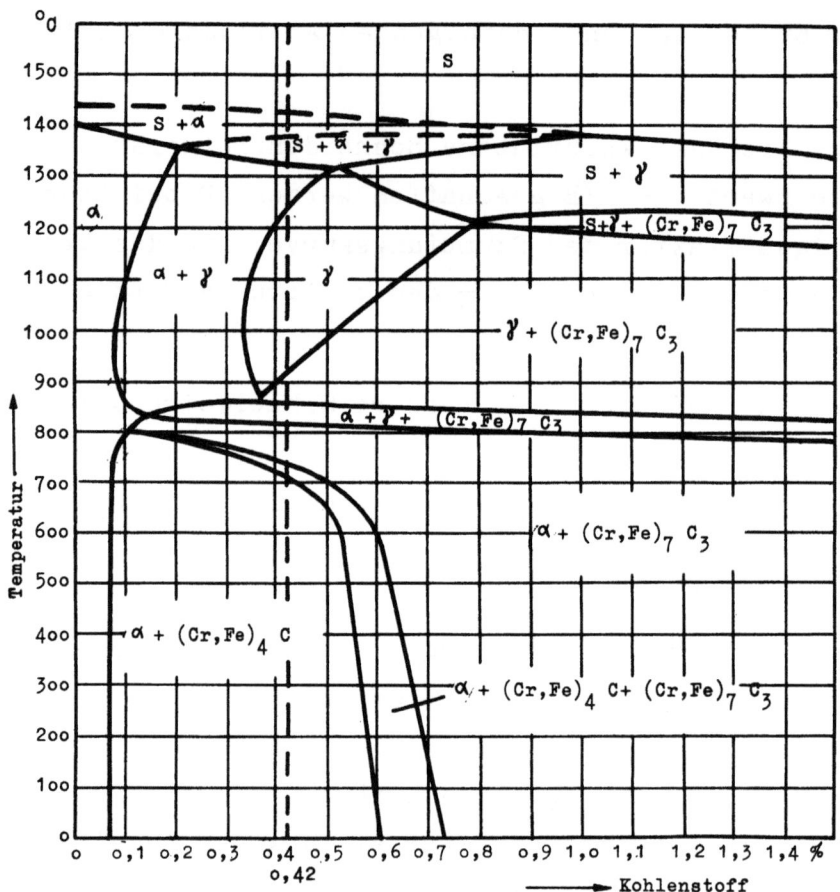

Abbildung 1
Schnitt durch das Raumschaubild Eisen-Chrom-Kohlenstoff[1]
(für den untersuchten rostfreien Messerstahl KW 40
mit 13,75 % Cr und 0,42 % C)

Literaturangaben (1,3,4), sowie nichtveröffentlichten Mitteilungen des Stahlwerks Sandviken, Schweden, vom Verfasser zusammengestellt und dürften dem neuesten Stand der metallographischen Kenntnisse über diese Legierung entsprechen.

Der untersuchte rostfreie Messerstahl ist mit 13,75 % Cr und 0,42 % C ein martensitischer Stahl. Das Ausgangsmaterial für die Versuche wurde in weichgeglühtem Zustand angeliefert. Es weist ein feinkörniges Gefüge mit durchschnittlicher Korngröße von 10 μ auf (Abb. 3) und besteht überwiegend aus Ferrit und körnigem Karbid. Zahlreiche Chromkarbide mit durchschnittlicher Größe von 1 μ sind in gleichmäßiger Verteilung eingestreut.

---

1. Die Umwandlungspunkte wurden nach (1) durch Extrapolation ermittelt

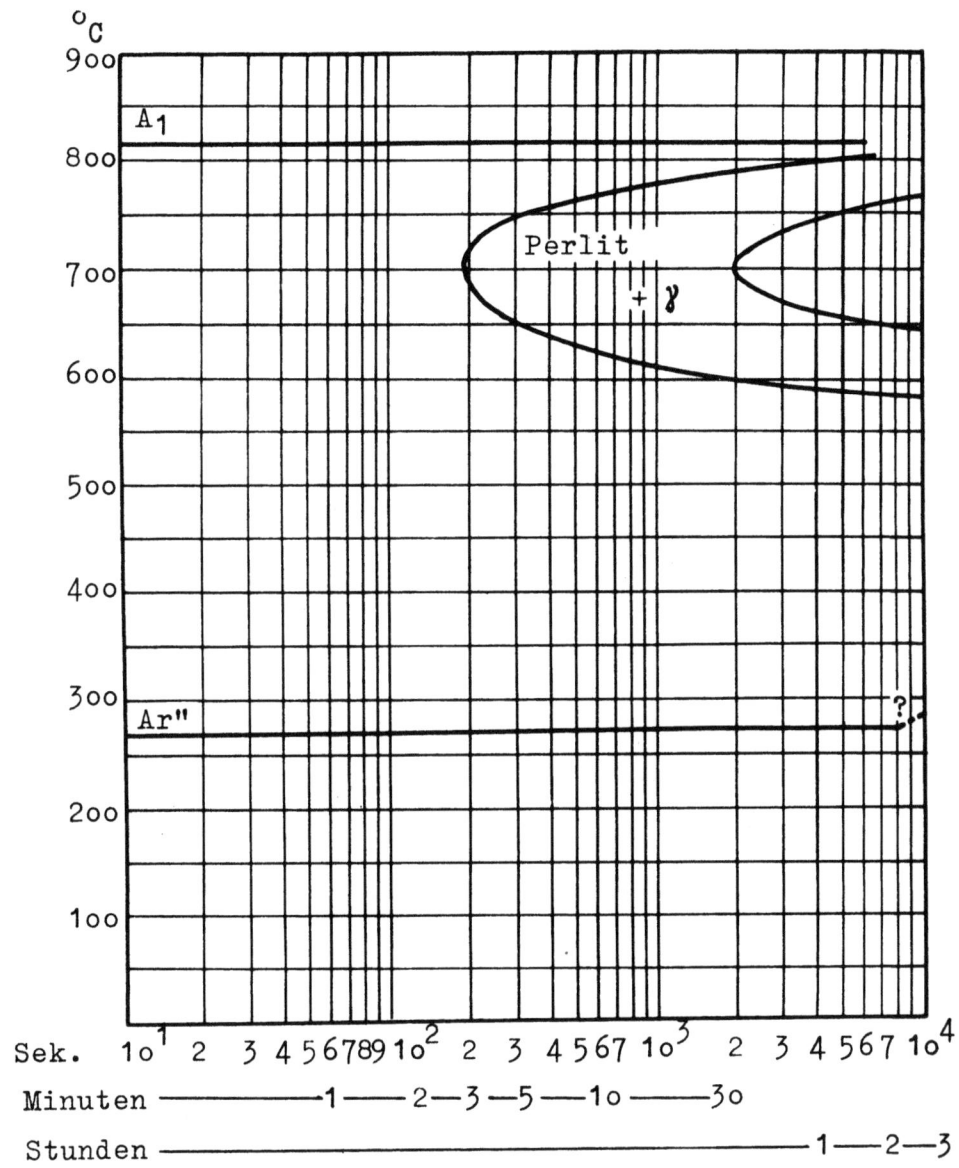

Abbildung 2

Isothermes Umwandlungsschaubild

(eines rostfreien Messerstahls mit 0,42 % C und 13,75 % Cr)

Auf Grund seines C-Gehaltes ist der Stahl als überperlitisch zu bezeichnen, da der Perlitpunkt bei Chromstählen mit 13 - 14 % Cr bei etwa 0,3 % C liegt. Daß der weichgeglühte Stahl ferritisch ist, hat seinen Grund darin, daß sich durch den Glühprozeß zahlreiche Sonderkarbide der Form $(Cr, Fe)_4C$, $(Cr, Fe)_7C_3$ und andere gebildet haben, die den Kohlenstoff abgebunden haben.

Abbildung 4 zeigt, daß nach einer Härtung von 960° kaum eine Karbidlösung stattgefunden hat. Die Härte ist mit 49 HRc für einen Messerstahl mit

Forschungsberichte des Wirtschafts- und Verkehrsministeriums Nordrhein-Westfalen

Gefügebilder eines rostfreien Messerstahls, von verschiedenen Härtetemperaturen in Öl abgekühlt. Alle Abbildungen 800-fach vergrößert

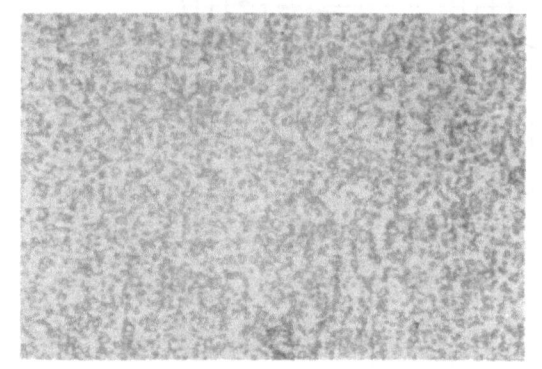

weichgeglüht

A b b i l d u n g 3

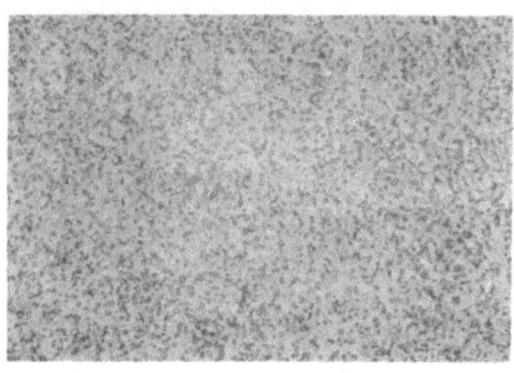

$T_H = 960°$

A b b i l d u n g 4

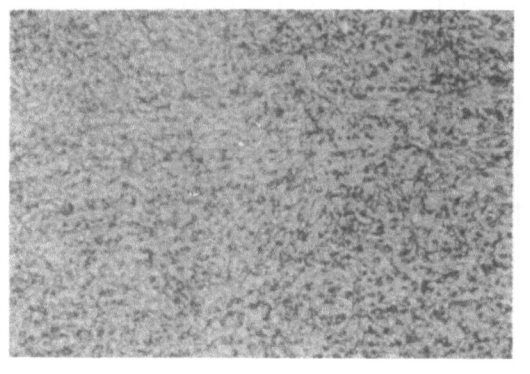

$T_H = 1000°$

A b b i l d u n g 5

$T_H = 1060°$

A b b i l d u n g 6

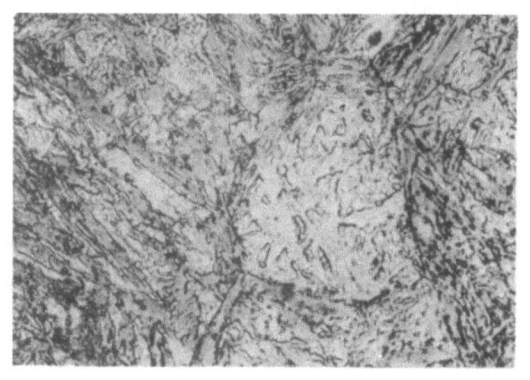

$T_H = 1120°$

A b b i l d u n g 7

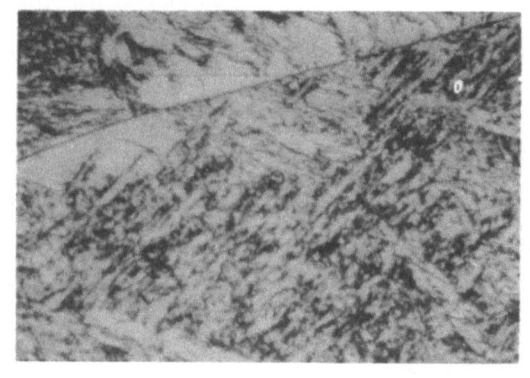

$T_H = 1220°$

A b b i l d u n g 8

13,75 % Cr und 0,45 % C viel zu gering. Sie entspricht einem Martensit mit etwa 0,3 % C.

Nach einer Karbidanalyse von HATFIELD (2) dürfte die Grundmasse eines geglühten Stahles mit 14 % Cr nur noch etwa 8 % Cr und knapp 0,3 % C enthalten. Das Zustandsdiagramm wäre also für die bei dieser Temperatur bestehende Grundmasse nicht mehr gültig. Praktisch nähern wir uns jedoch bei steigender Härtetemperatur mit der zunehmenden Auflösung der Sonderkarbide und der damit verbundenen Anreicherung der Grundmasse mit Cr und C dem Zustandsdiagramm in Abbildung 1.

Bei subjektiver mikroskopischer Betrachtung des Gefüges eines bei 960° gehärteten Messerstahls stellt man fest, (was in Abb. 4 nur schwer zu erkennen ist), daß die meisten Karbide von Martensit eingeschlossen, einzelne jedoch von reinem Ferrit umgeben sind. Für diese Erscheinung finden wir eine einleuchtende Erklärung:

Da Chrom im Eisen bekanntlich die Diffusionsgeschwindigkeit des Kohlenstoffs herabsetzt, entziehen die Karbide den zu ihrer Bildung notwendigen Kohlenstoff zunächst ihrer Umgebung und machen sie ferritisch. Bei der niedrigen Härtetemperatur von 960° ist es durchaus einleuchtend, daß einzelne Karbide noch keine Lösungsansätze zeigen und keinen Kohlenstoff an ihre ferritische Umgebung abgeben. Das Auftreten ferritischer Körner mit Karbideinschlüssen ist somit begründet.

Mangels ausreichenden Chromgehalts der Grundmasse ist eine Korrosionssicherheit des Stahles und dieser niedrigen Härtetemperatur nicht zu erwarten.

Nach einer Härtung von 1000 °C hat der Martensitanteil im Gefüge soweit zugenommen, daß er über den ganzen Schliff ein zusammenhängendes Gerippe bildet. Er hat sich vorwiegend auf den Korngrenzen ausgebildet. Auch die Karbide sehen wir in der Masse an den Korngrenzen angeordnet. Die offensichtliche Verminderung der Karbidzahl hat gegenüber dem 980°-Gefüge (hier nicht gezeigt) ein Anwachsen der Korngröße auf das Doppelte bewirkt.

Durch die verstärkte Karbidlösung dürfte der Chromgehalt der Grundmasse nun hoch genug sein, um eine ausreichende Korrosionssicherheit zu gewährleisten, wozu ein Mindest-Chromgehalt von 11,8 % erforderlich ist. Größtmögliche Härte ist jedoch noch nicht erreicht.

Nach einer Härtung von 1020 °C beginnt der Martensit, der bis dahin in strukturloser, wolkiger Anordnung (Hardenit) auftrat, erstmals, wenn auch noch schwer erkennbar, sich in gerichteten Nadeln anzuordnen. Bei 1040° liegt ausgesprochen martensitisches Gefüge vor. Die Härte hat ihr mögliches Maximum erreicht, das bis zur Härtetemperatur 1060 °C einen Wert von 58 HRc annimmt (vergl. Abb. 9). Die eingelagerten Karbide fördern Schneidfähigkeit und Verschleißfestigkeit, sind also erwünscht, obgleich sie den C-Gehalt der Grundmasse vermindern und dadurch die Härte beeinflussen.

Karbide in austenitischer und ferritischer Grundmasse würden entweder ausbrechen oder sich eindrücken, würden also die Verschleißfestigkeit der Klinge (Standfähigkeit) mindern. Es konnte nachgewiesen werden, daß in nichtmartensitischer Grundmasse eingebettete Karbide schon bei der Schleifbeanspruchung, die beim Anfertigen der Schliffe auftrat, mit einem Teil der Grundmasse herausgerissen wurden.

Nach einer Härtung von 1060 °C bei 5 Minuten Haltezeit hat offenbar der Martensit den höchsten Kohlenstoffgehalt, wie die Anschauung (Abb. 6) und die Härtemessung (Abb. 9) lehrt. Daß bei niedrigeren Härtetemperaturen die Härte geringer ist, ist in der Vielzahl der Chromkarbide begründet, die eine hohe kritische Abkühlgeschwindigkeit und ein geringes Durchhärtevermögen verursachen, da sie einen großen Teil Chrom und Kohlenstoff binden. Karbide der Zusammensetzung Cr_4C binden z.B. für jeden Teil C den 16-fachen Betrag Cr. Mit steigender Härtetemperatur und zunehmender Karbidauflösung wird die kritische Abkühlgeschwindigkeit geringer.

Das führt bei höher chromlegierten Stählen sogar zur Lufthärtbarkeit. Auch Werkstücke geringer Dicke eines 14 %igen Chromstahles, wie die vorliegenden Messer, wären mit einiger Sicherheit bereits lufthärtbar.

Nach Härtungen von Temperaturen oberhalb 1060 °C tritt nun ein weiteres Moment hinzu, das sich leider auf die Härte nachteilig auswirkt, so daß eine restlose Umwandlung des Austenits in Martensit durch Anwendung hoher Härtetemperaturen nicht zum Erfolg führt:

Chrom schnürt zwar einerseits das γ - Gebiet ein, andererseits aber erhöht es die Unterkühlbarkeit der festen Lösung. Es erniedrigt also Ar" und erhöht dadurch die Austenitbeständigkeit bei Raumtemperatur. So ist es zu erklären, daß bei Anwendung höherer Härtetemperaturen der Restaustenit-

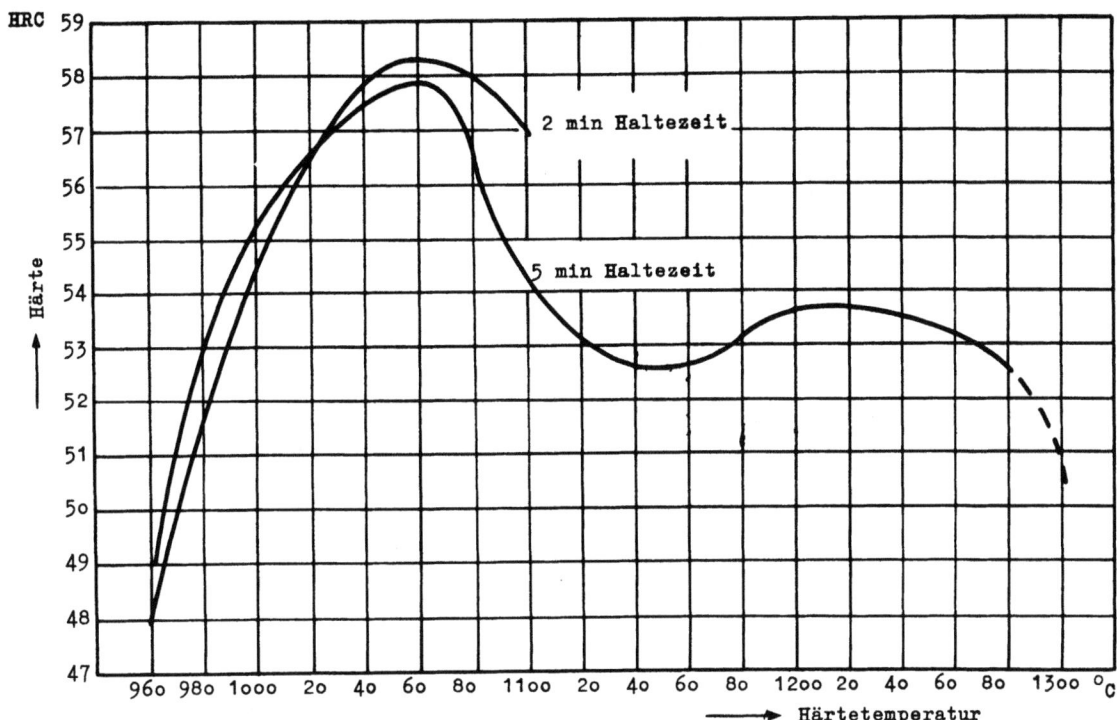

Abbildung 9
Der Einfluß der Härtetemperatur auf die Härte

gehalt wieder zunimmt. Denn mit höherer Härtetemperatur steigt der Chromgehalt der Grundmasse infolge Karbidlösung.

Nach Härtetemperaturen von 1080° und 1100° stellen wir daher im Gefügebild (hier nicht wiedergegeben) und durch Messung der Härte eine Zunahme des Gehaltes an Restaustenit fest. Die Härte beträgt nach einer Härtung von 1100° nur noch 54 HRc (Abb. 9). Außerdem macht sich eine zunehmende Kornvergröberung bemerkbar.

Nach einer Härtung von 1120°, deren Gefüge in Abbildung 7 gezeigt wird, wächst die Korngröße sprunghaft von 30 (nach einer 1100°-Härtung) auf 70 μ. Daraus kann geschlossen werden, daß hier die Lösungstemperatur einer Karbidmodifikation ist. Die an den Korngrenzen abgelagerten Karbide bilden ja bekanntlich das größte Hindernis, das einer Kornvergröberung entgegensteht.

Das Gefüge zeigt nach der 1120°-Härtung typisch martensitische Struktur. Kleinere und größere hellfarbige Felder, die möglicherweise Restaustenit darstellen, haben sich vor allem an den Korngrenzen ausgebildet. Die Härte ist weiter abgefallen, die Korngrenzen nehmen an Deutlichkeit zu.

Die nächsthöheren Härtetemperaturen verursachen, wie Gefügeaufnahmen zeigten, zunehmende Kornvergröberung und größere Restaustenitfelder. Die Härte sinkt weiter ab. Vereinzelt finden sich kleine abgerundete Ferriteinlagerungen. Es sind sogar noch wenige Karbide sichtbar, die trotz der hohen Temperatur noch ungelöst geblieben sind. Es ist anzunehmen, daß sie sich bei längerer Haltezeit auch lösen würden.

Überraschenderweise stieg die Härte nach einer Härtung von 1180° wieder an, und blieb bis zur Härtetemperatur 1260° auf einer Höhe von 53 bis 54 HRc. Nach den Erwartungen hätte die Härte mit fortlaufender Erhöhung stetig geringer werden müssen. Daß das Gegenteil eintrat, kann nur einen Grund haben: Der Ferritanteil hat merklich zugenommen. Da wir nach Abbildung 1 bei etwa 1200 °C ins Zweiphasenfeld ($\alpha + \gamma$) kommen, ist die Annahme gerechtfertigt, daß die höhere Härte des Gefüges auf die Bildung von δ - Ferrit zurückzuführen ist. Der δ - Ferrit hat sich vorwiegend an den Korngrenzen ausgebildet. Restaustenit befindet sich auch innerhalb einzelner Körner teils in großflächiger, teils in feinnadeliger Struktur. Abbildung 8 zeigt das Gefüge eines von 1220 °C in Öl abgeschreckten Messerstahles.

Der Austenitgehalt ist bei den einzelnen Körnern sehr unterschiedlich. Körner mit großem γ - Anteil liegen neben rein martensitischen. Diese übertreffen die ersteren im allgemeinen an Ausdehnung. Aus dieser Beobachtung, vor allem aber aus der Tatsache, daß die Körner durchweg austenitische Ränder aufweisen, läßt sich der folgende interessante Schluß ziehen:

Die Tatsache, daß überhaupt Restaustenit auftritt, ist hinreichend durch den Einfluß des Chroms auf die Ar"-Umwandlung erklärt. Nicht ohne weiteres einleuchtend ist dagegen, welche Gefügeteile, welche Stellen innerhalb der Körner sich martensitisch ausbilden und welche austenitisch bleiben. Es ist also die Frage zu beantworten, ob die Verteilung des Martensits dem Zufall überlassen bleibt oder ob sie legierungsbedingt ist.

Die bis zuletzt beständig gebliebenen Karbide hatten die Korngrenzen besetzt. An diesen Stellen hat sich nun nach deren völliger Auflösung der Austenit am beständigsten gezeigt. Wenn man zwischen diesen beiden Beobachtungen eine Beziehung aufstellen will, dann läßt sie sich nur so herleiten:

Forschungsberichte des Wirtschafts- und Verkehrsministeriums Nordrhein-Westfalen

Die Körner haben im diffusionsfähigen Zustand das Bestreben, alle das Gleichgewicht störenden Elemente oder Element-Anteile auf die Korngrenzen abzudrängen und im übrigen die Konzentration der Grundmasse an diesen Elementen gleichmäßig zu verteilen. Solange noch Randkarbide oder auch solche innerhalb der Körner bestehen, hat die Grundmasse einen gleichmäßig verteilten C- und Cr-Gehalt angenommen, der tiefer liegt als es **der** Gesamtanalyse entspricht. Ar" liegt also <u>in dieser Grundmasse</u> höher als der "Soll-Martensitpunkt". Werden nun die restlichen Karbide noch gelöst, dann entstehen innerhalb dieser Grundmasse an den vorher mit Karbiden besetzt gewesenen Stellen örtliche Anreichungen an Chrom und Kohlenstoff, die <u>an diesen Stellen</u> den Martensitpunkt erniedrigen. Die Grundmasse ist also in bezug auf Konzentration und Lage des Martensitpunktes nicht mehr einheitlich. Da zudem gerade die höher chromhaltigen Stellen diffusionshemmender sind, ist ein Ausgleich während der Haltezeit nicht möglich.

Beim Abschrecken unterliegen zunächst die Stellen mit der niedriger legierten Grundmasse, d.i. dem höher liegenden Ar"-Punkt, einer spontanen Martensitbildung. An den andern Stellen, die legierungsbedingt schon eine tiefere Ar"-Temperatur haben, kommt nun noch dazu, daß infolge der bereits teilweise erfolgten Martensitbildung der Gefügerest zunehmend umwandlungsträger wird.

Die Stellen, an denen die völlige Karbidlösung erst zuletzt eingesetzt hat, bleiben also zwangsläufig austenitisch. Damit dürfte eine hinreichende Erklärung für die Ursache der Austenit-Martensit-Verteilung gefunden sein.

Bezüglich des Begriffs "Umwandlungsträgheit" wird folgende Hypothese aufgestellt:

Das Umklappen des Austenitkristalls zu Martensit findet bekanntlich unter Volumenzunahme statt. Wird das Gefüge nun während des Abschreckens zunehmend martensitisch, und wird der Martensitanteil so groß, daß ein festgefügtes Martensitskelett entsteht, dann wird der Restaustenit in den Zwischenfeldern so stark eingezwängt, daß mangels Ausdehnungsmöglichkeit der an die Volumenzunahme gebundene Umklappvorgang unterdrückt wird. Erst durch mechanische Beanspruchung des Härteguts kann das Martensitgerüst soweit nachgeben, daß der Umklappvorgang in einem Teil des unterkühlten Austenits nachgeholt werden kann. Diese Erscheinung ist nach den Abbildungen 14 und 15 charakteristisch für die Messer, die bei Temperaturen über 1100° gehärtet worden waren, bei denen also eine merkliche Menge Restaustenit bestehen blieb. Die Kaltverfestigung zeigte sich bei den Schneiden-Prüfungen darin, daß die höchsterzielbare Schneidfähigkeit erst nach kurzem Gebrauch der Klinge eintrat.

Diese Theorie wird als hinreichende Deutung der Umwandlungsträgheit und Kaltverfestigungsfähigkeit restaustenithaltiger legierter Stähle angesehen.

Die Korngrenzen sind bei der Härtetemperatur 1220° scharf ausgeprägt, manche Körner scheinen sich direkt räumlich getrennt zu haben. Die in Abbildung 8 sichtbare Korngrenze erscheint geradezu als Fuge. Die Kornausdehnung hat sich verdoppelt, die Härte blieb unverändert.

Eine Härtung von 1260° bringt keine Veränderung im Schliffbild mehr, abgesehen von einer weiteren Kornvergröberung auf die doppelte Ausdehnung.

Betreffs der Sprödigkeit dieser hochgehärteten Klingen läßt sich allgemein sagen, daß sie schon bei geringer Durchbiegung zerspringen, und daß selbst beim Anfertigen der Schliffe von Klingen, die oberhalb 1200° gehärtet waren, schon einzelne Körner ausbrachen.

Den Einfluß der Härtetemperatur auf die Korngröße zeigt Abbildung 10. Der Verlauf der Kurve ist durch ein stetiges Wachsen der Gefügekörner gekennzeichnet. Parallel zum Korngrößenwachstum geht eine Verminderung der Karbidzahl. Zwischen 1100° und 1120° ist ein sprunghaftes Größerwerden auf über die doppelte Ausdehnung zu verzeichnen. Das läßt vermuten, daß eine Karbidmodifikation hier ihre Lösungstemperatur hat. Die Karbide sind ja bekanntlich das größte Hindernis zu einer Kornausweitung. Eine weitere sprunghafte Kornvergröberung tritt ab 1200° auf. Bei diesen Temperaturen erreichen die Körner die Ausdehnung der ganzen Klingendicke.

Die Kornbildung bringt natürlich eine ziemliche Versprödung des Materials mit sich, die sich auch durch Anlassen nicht mehr beseitigen läßt. Aus diesem Grunde werden Härtetemperaturen oberhalb 1100° im allgemeinen gemieden.

3. Der Härteverlauf

Wie ist der Einfluß der Härtetemperatur auf die Härte zu erklären?
Die "Härte" in einem Stahl entsteht nach dem Abschrecken von Härtetempe-

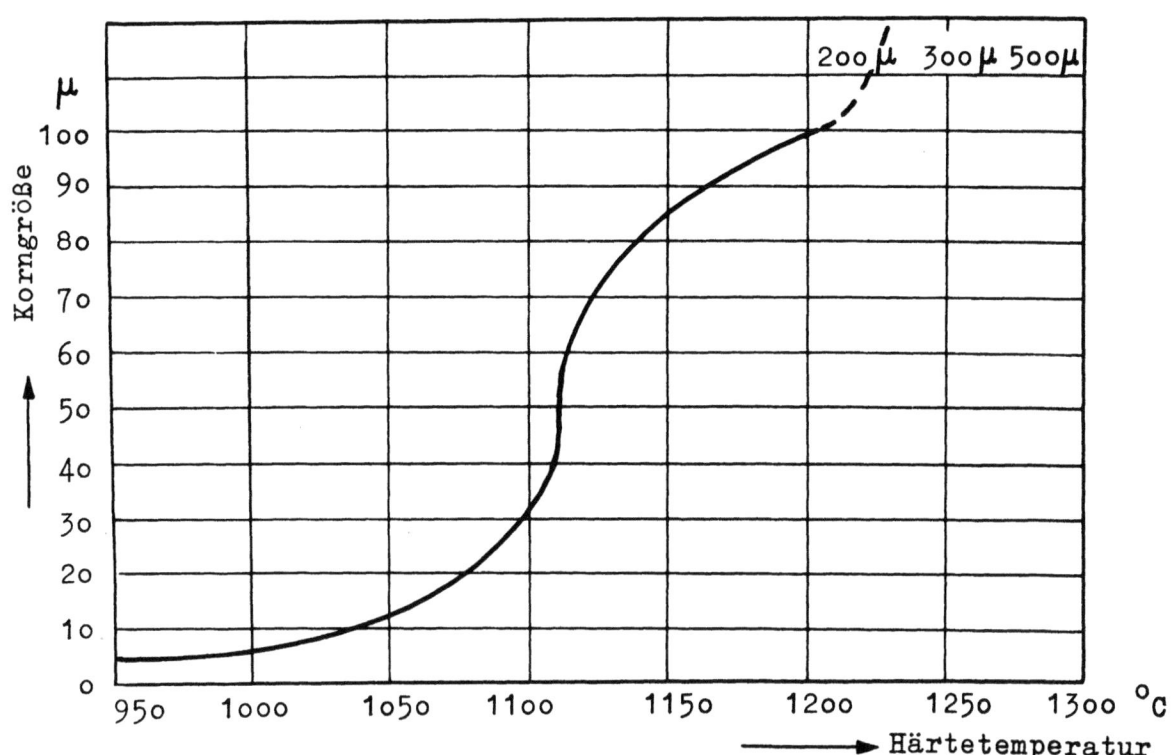

Abbildung 10
Einfluß der Härtetemperatur auf die Gefügekorngröße

ratur dadurch, daß sich die Modifikation γ in das "Härtegefüge" umwandelt, sei es Martensit, Hardenit, Bainit oder Zwischenstufengefüge. Voraussetzung ist also zunächst, den Stahl auf eine Temperatur im Gebiet homogenen Austenits zu erwärmen. Durch langsames Abkühlen würde das Gefüge perlitisch; durch beschleunigtes Abkühlen (Abschrecken) bildet es sich zu jenem Umwandlungsgefüge um, das je nach der Abschreckgeschwindigkeit ermöglicht wird.

Einen Anhaltspunkt für die erforderlichen Abkühlgeschwindigkeiten geben die "Isothermen Umwandlungsschaubilder", einen genauen Wert würde man aus einem kontinuierlichen ZTU-Schaubild ablesen können. Sie entstehen durch Abkühlung verschiedener Proben von A_1 auf bestimmte Temperaturen (beispielsweise 700°) und Halten auf dieser Isotherme. Durch Herausnehmen einzelner Proben zu verschiedenen Zeiten läßt sich im Schliff Beginn und Ende der Bildung von Perlit bzw. Zwischenstufengefüge erfassen.

Das für den vorliegenden Stahl gültige Umwandlungsschaubild zeigt Abbildung 2. Die A_1 - Umwandlung liegt bei etwa 815°. Ein Blick auf das Zustandsdiagramm Abbildung 1 lehrt, daß wir bei dieser Temperatur erst in ein Mischphasengebiet kommen. Neben γ ist auch α und $(Cr,Fe)_7C_3$ beständig. Erst bei 860° - 900° gehen auch diese Chromkarbide in Lösung. Zur Härtung ist also mindestens diese Temperatur erforderlich, wobei noch zu berücksichtigen ist, daß diese Schaubilder einen bei sehr langen Haltezeiten erreichbaren Gleichgewichtszustand wiedergeben. Um die Umwandlungen in wirtschaftlich tragbarer Zeit durchzuführen, ist ein Temperaturzuschlag von rund 50° notwendig.

Zur Frage der Abschreckgeschwindigkeit betrachten wir Abbildung 2. Bei 700° ragt die Perlitnase am weitesten nach links und hat ihr Maximum bei 3 Minuten isothermer Haltezeit. Das bedeutet, daß der Stahl nur schwach abgeschreckt zu werden braucht, um eine teilweise Perlitumwandlung zu verhüten, und daß bei Abschrecken von genügend hohen Temperaturen sogar noch Lufthärtung anwendbar wäre.

Die beginnende Martensitumwandlung liegt bei 270°.

Diese Umwandlungstemperaturen werden nun durch temperaturgebundene Legierungsgehalte der <u>Grundmasse</u> und durch Abschrecken von verschiedenen Temperaturhöhen verschoben. Es wurde schon betont, daß der Prozentgehalt von 13,75 % Chrom nur den Gesamtanteil erfaßt, und daß der Prozentgehalt der Grundmasse je nach Karbidgehalt niedriger liegt.

<u>Ein gegenüber dem Analysenwert niedrigerer Chromgehalt der Grundmasse verschiebt A_1 nach unten, Ar" nach oben und die Perlitnase nach links.</u>

Da mit zunehmender Härtetemperatur die Karbidlöslichkeit steigt, die Grundmasse dementsprechend chrom- und kohlenstoffreicher wird, ergeben sich für die verschiedenen Härtetemperaturen immer veränderte Legierungsbedingungen.

Abbildung 9 zeigt die Rockwellhärte der Klingen, die im Bereich 960° bis 1300° mit 20°-weiser Temperaturabstufung gehärtet wurden. Diese Klingen sind nicht angelassen.

Die Klingen mit einer 2-minütigen Haltezeit steigen von 48 HRc bei 960° T_H sehr rasch bis über 58 HRc bei 1060° T_H, um dann bei 1100° in der Härte abzufallen.

Weiter ausgedehnt wurde die Versuchsreihe der mit 5 Minuten Haltezeit gehärteten Klingen. Der Verlauf ist im wesentlichen der gleiche. Das Härtemaximum stellt sich bei gleicher Härtetemperatur T_H = 1060° ein.

Wie erwartet, fiel die Härte dann ab, jedoch stärker als bei der Reihe mit 2 Minuten Haltezeit. Bei 1180° T_H trat schließlich ein nicht erwarteter Härteanstieg um 1 HRc auf, und erst bei Härtetemperaturen oberhalb 1250° sank die Härte rasch ab.

Eine Erklärung dieses Kurvenverlaufs ist aus der Betrachtung der Gefügebilder und dem Auflösungszustand der Karbide herzuleiten. Die niedrige Härte nach einer Härtung von Temperaturen unter 1000° hat ihre Ursache darin, daß bei diesen Temperaturen und einer Haltezeit von wenigen Minuten der C-Gehalt des umwandlungsfähigen Mischkristalls zu niedrig ist.

Mit steigender Härtetemperatur bewirkt die zunehmende Karbidauflösung eine Verringerung der kritischen Abkühlgeschwindigkeit und eine Vergrösserung des Durchhärtevermögens. Andererseits schreitet die Erniedrigung von Ar" fort und bei Härtetemperaturen von 1080° und mehr liegt der Umwandlungsbereich so tief, daß der Austenit teilweise bei Raumtemperatur beständig bleibt. Das macht sich in einem Absinken der Härte ab 1060°-1080° T_H bemerkbar, und zwar sinkt die Härte umsomehr, je größer der Anteil nicht umgewandelten Austenits ist.

Der überraschende Härteanstieg bei Härtetemperaturen von 1180° und mehr wurde mit dem Auftreten von δ - Ferrit erklärt. Bei Härtetemperaturen oberhalb 1250° sinkt die Härte infolge Randentkohlung und -verbrennung rasch ab.

Wichtig bleibt die Feststellung, daß dieser Stahl nach einer <u>Härtung zwischen 1040° und 1080° sein Härtemaximum erreicht</u>!

4. Der Einfluß der Härtetemperatur auf die Schartigkeit

Bei der Untersuchung einiger C-Stahlklingen war die Abhängigkeit der Schartigkeit von der Gefügekorngröße festgestellt worden, sofern der Schneidenabzug mit einem Stahlrollen-Schärfapparat durchgeführt wurde (6).

In diesem Zusammenhang war mit den verschieden hoch gehärteten rostfreien Klingen eine systematische Untersuchung des Einflusses der Härtetemperatur auf die mit Stahlrollen-Schärfapparaten erzielbare Schartigkeit geplant. Versuche zeigten jedoch, daß dieser Apparat nur an den unterhalb 1000° gehärteten Klingen einen Abzug zu erzeugen in der Lage war. Die Schartigkeit war gering.

Bei den oberhalb 1000° gehärteten Klingen war infolge Anreicherung der

Grundmasse mit Chrom der Stahl derartig verschleißfest geworden, daß mittels Stahlrollen kein Abzug mehr zu erzielen war.

Beim Schleifscheiben-Abzug ist kein Einfluß der Härtetemperatur bzw. Gefügekorngröße auf die Schartigkeit zu erkennen, was auch für C-Stahl-Klingen zutrifft, wie früher bereits festgestellt wurde.

5. Messung der Schneideigenschaften*)

Zur Messung von Schneidfähigkeit und Standfähigkeit wurde jede Klinge mit einem gleichen Keilwinkel von 30° abgezogen und mit einer Walzenfüllung (100 Umdrehungen) abgestumpft. In jeder Temperaturstufe wurden 2 bis 3 Prüfungen durchgeführt. Die Streuungen innerhalb der einzelnen Temperaturstufen sind unterschiedlich groß (Abb. 13a bis 15f). Sie betreffen vor allem die Höhenlage der Kurven, während in der Parallelität kaum Abweichungen zu erkennen sind. Das heißt, daß die vom Prüfgerät aufgezeichnete Standfähigkeit in jedem Falle eindeutig ist, da sie aus der Neigung abgelesen wird. Die Schneidfähigkeitswerte hingegen streuen stärker, was aber ursächlich nur in den Klingen, und nicht im Gerät zu suchen ist. Der Hauptgrund für die Schneidfähigkeitsstreuung ist in Dickenunterschieden der Klingen zu sehen (6).

Die stärkste Schneidfähigkeitsstreuung tritt bei den 3 Messungen der Temperaturstufe 1080° auf. Sie beträgt 15 %. Die Dicke der 3 Versuchs-

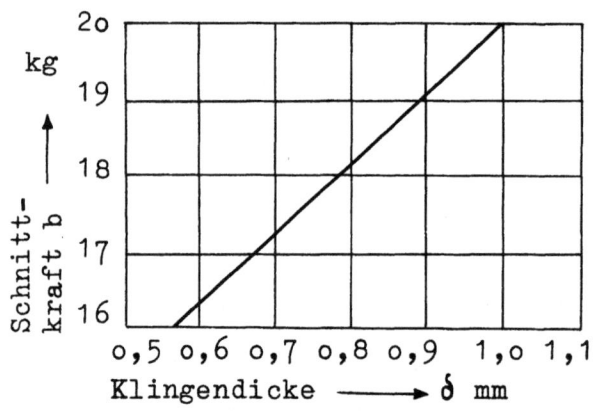

Abbildung 11

Abhängigkeit der Schärfe von der Klingendicke
(aufgenommen an Klingen gleicher Härtetemperatur und gleichen Keilwinkels, von verschiedener Dicke (6))

---

*) Die Meßmethode ist in Heft 177 nachzulesen.

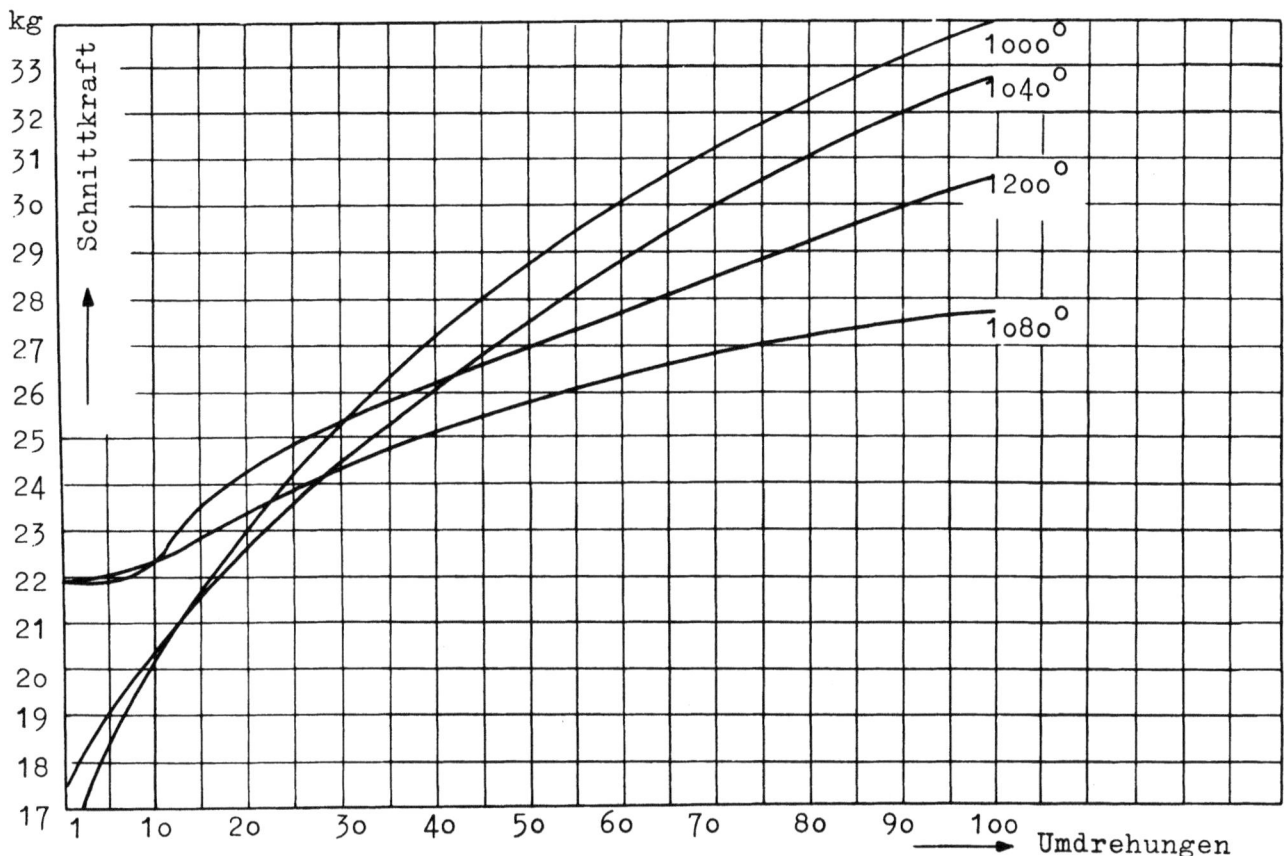

Abbildung 12

Der Einfluß der Härtetemperatur auf die Schneideigenschaften rostfreier Messer

(Die Abb. zeigt 4 aus den Reihenversuchen herausgegriffene Härtetemperaturen, die besonders ausgeprägte Unterschiede im Schneidverhalten verursachen)

klingen war 0,70 mm, 0,80 mm und 0,90 mm, das ist eine Dickenabweichung von 20 bis 30 %. Die Abweichungen decken sich also mit der Korrekturanweisung Abbildung 11. Demgegenüber wiesen 2 der bei 1180° gehärteten Klingen, deren Kurven sich genau decken, ein völlig gleiches Dickenmaß von δ = 0,95 mm auf.

Zum Vergleich der Schneidfähigkeitswerte wurden diese nach Abbildung 11 auf eine Schneidendicke von δ = 0,76 $\pm$ 0,06 mm (arithmetischer Mittelwert) reduziert. In den Abbildungen 13 bis 15 sind einmal die tatsächlich abgelesenen Schneidfähigkeitswerte b angeführt und daneben die auf δ = 0,76 mm reduzierten Schneidfähigkeitswerte b_{red}. Man kann feststellen, daß die dem Beschauer ins Auge springenden Höhenunterschiede der Kurven gleicher Härtetemperatur sich nach der Reduktion stark angleichen.

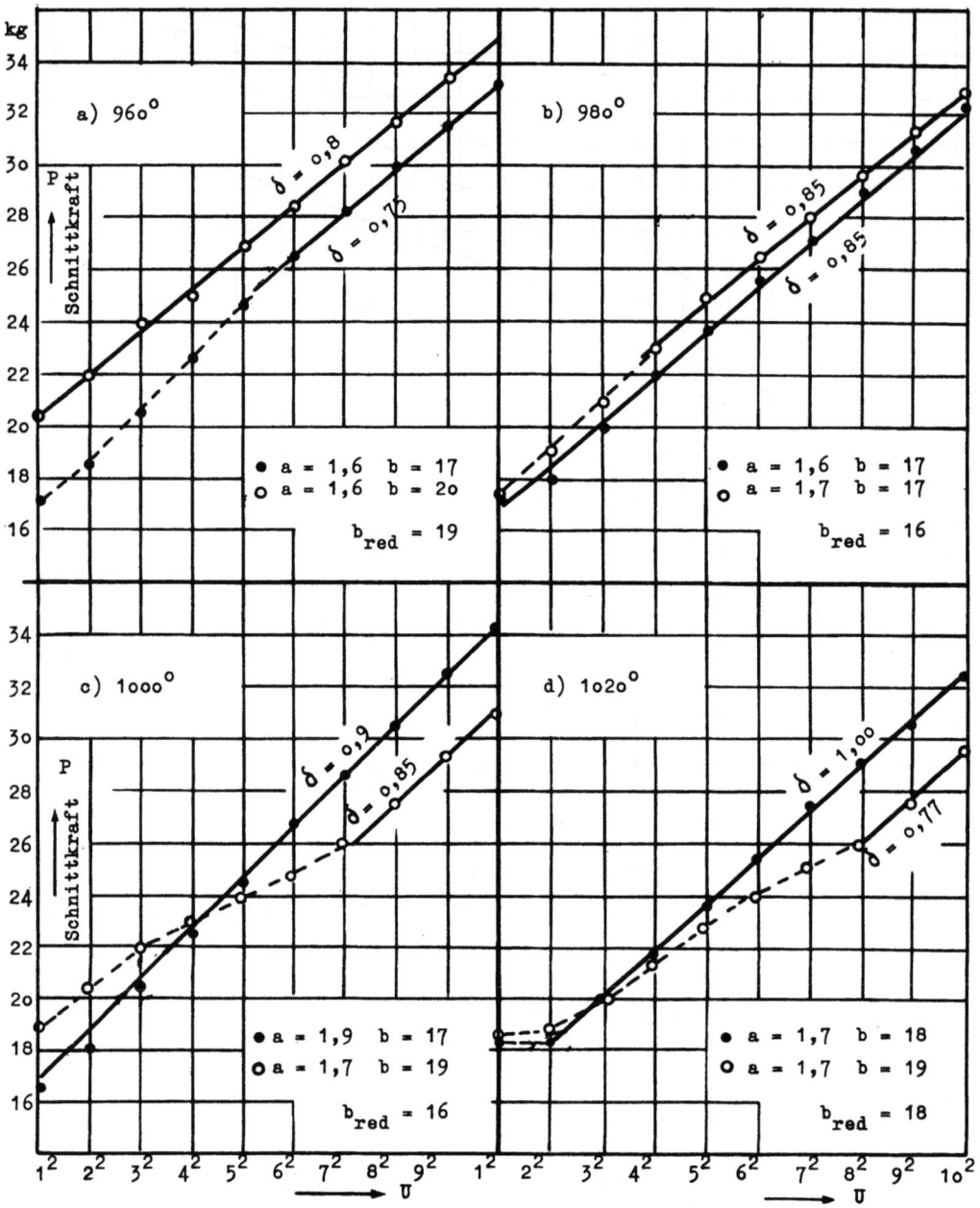

Abbildung 13

Der Einfluß der Härtetemperatur auf die Schneideigenschaften rostfreier Messer (Meßergebnisse der Versuchsreihe)

Die Kurve des Schneidfähigkeitsverlaufs (Abb. 16) wurde mit den reduzierten Schärfewerten gezeichnet.

Die Neigungen der wiederholten Messungen (Standfähigkeitskennziffer) stimmen ohne Korrektur überein.

In Abbildung 16 wurden beide Werte nach ihrer Temperaturfolge zusammengestellt. Die Auswertung ergibt, daß Härtetemperaturen unterhalb 1040° bei

Seite 22

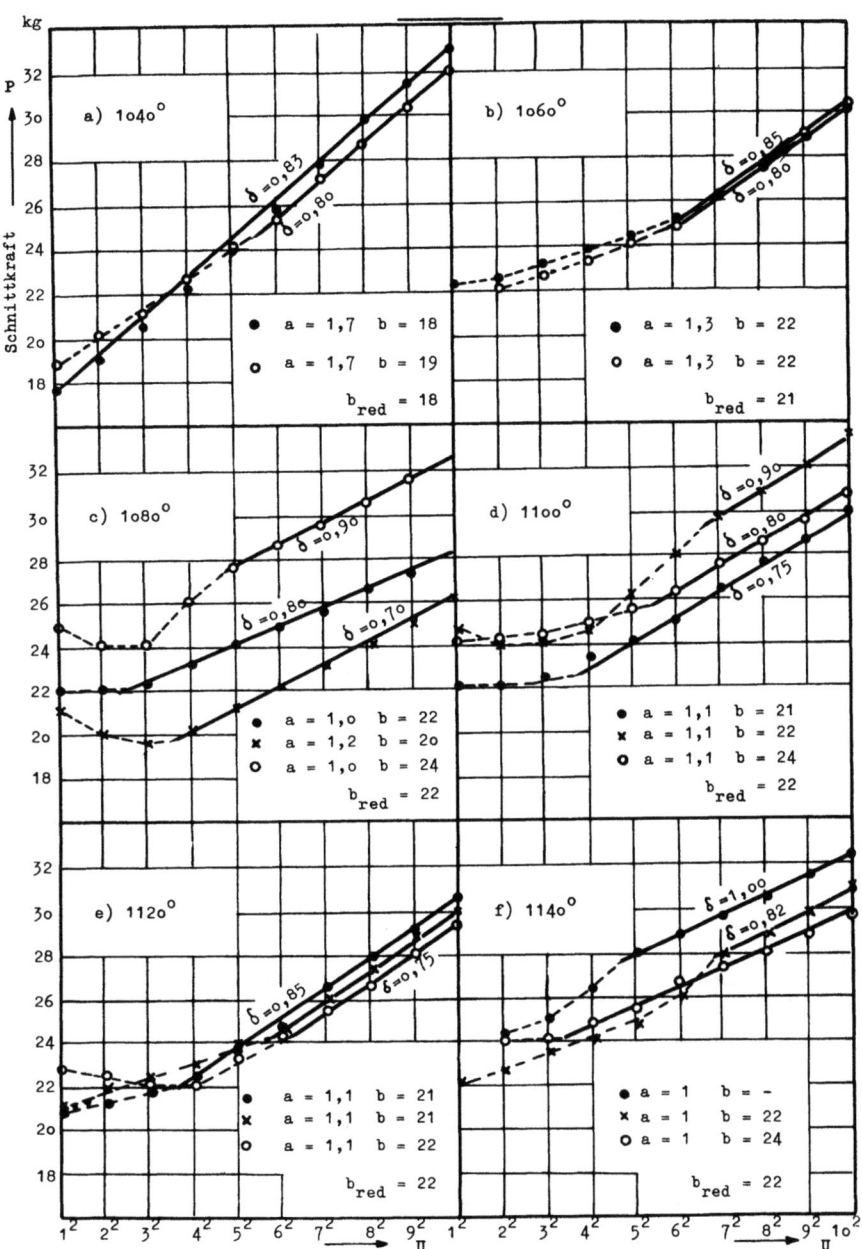

Abbildung 14

5 min Haltezeit eine ziemlich gleichmäßig geringe Standfähigkeit erzeugen. Die Standfähigkeit steigt bei Härtetemperaturen über 1050° rasch an und erreicht bei 1080° T_H annähernd den doppelten Wert derjenigen von 1040°. Dieses Maximum der Standfähigkeit ist breit gelagert und verläuft bis 1160° T_H. Die Ursache für den Anstieg der Standfähigkeit ist eine Steigerung der Verschleißfestigkeit durch Lösung der Karbide und Anreicherung der Grundmasse mit Chrom. Wegen des zunehmenden Restaustenitgehalts und des Auftretens von δ - Ferrit im Härtegefüge fällt die Standfähigkeit dann bei 1180° wieder langsam ab.

Forschungsberichte des Wirtschafts- und Verkehrsministeriums Nordrhein-Westfalen

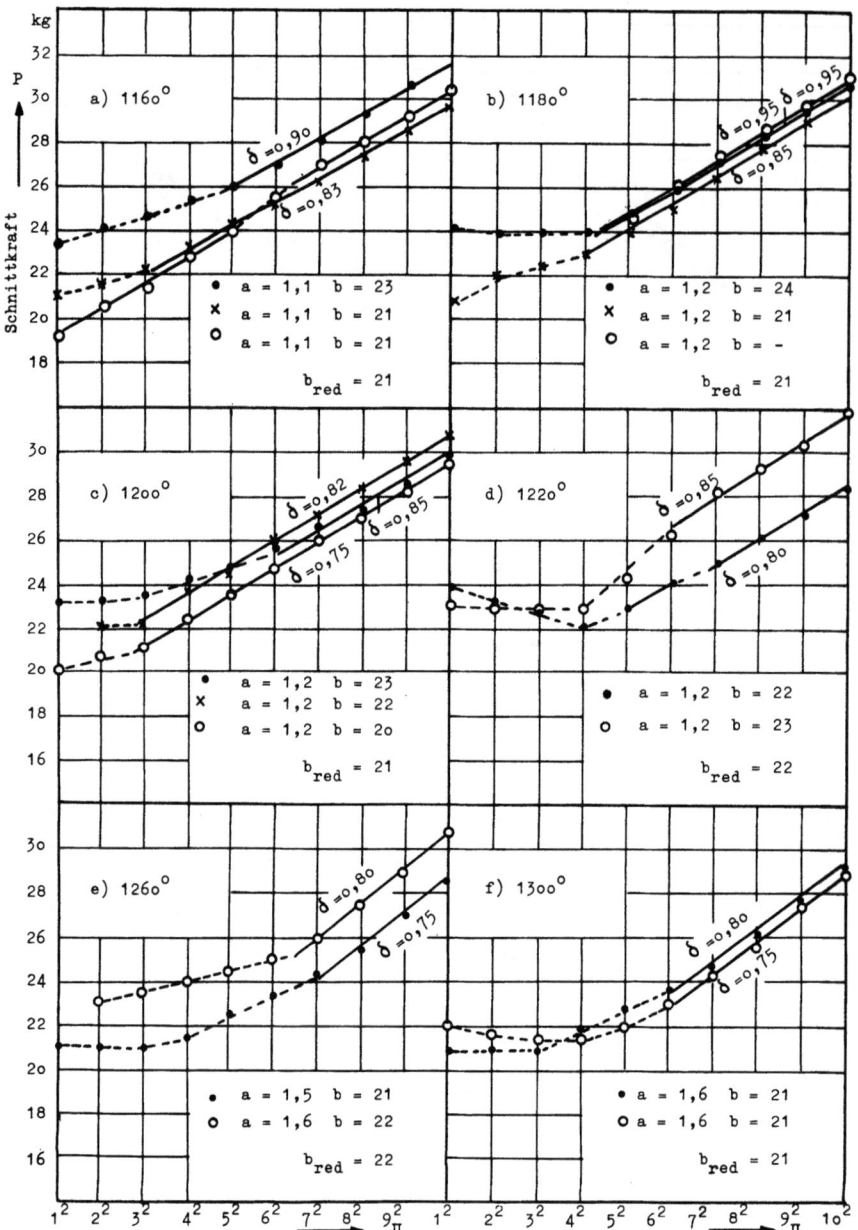

Abbildung 15

Der Verlauf der Schneidfähigkeit ist mit kleinen Abweichungen entgegengesetzter Natur. Nach einer geringen Schneidfähigkeit bei niedrigen Härtetemperaturen, verursacht durch zu geringen Martensitanteil im Gefüge, steigt sie bei Härtetemperaturen zwischen 1000° und 1040° auf ihren Höchstwert an. Der Grund ist eine zunehmende Martensitbildung, wobei aber noch genügend Karbide ungelöst vorhanden sind, um eine hohe Schneidfähigkeit zu erzeugen.

Ab 1060° T_H sinkt die Schneidfähigkeit infolge zunehmender Karbidlösung

Seite 24

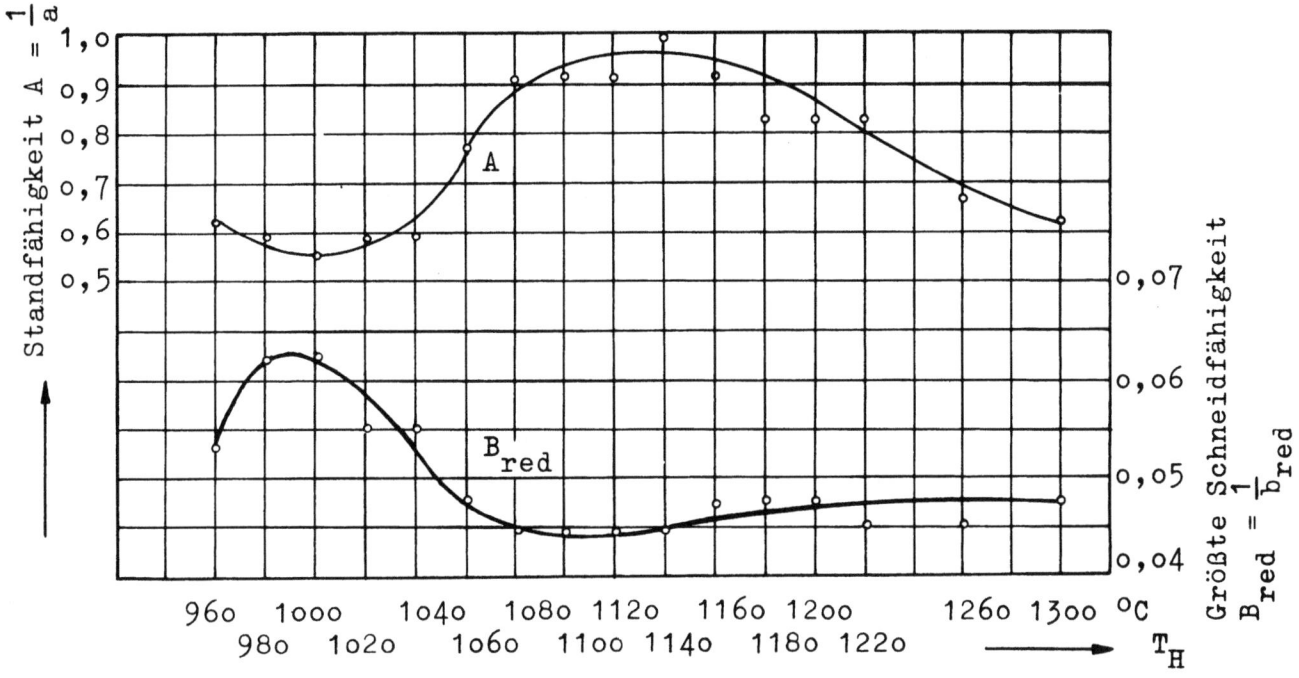

Abbildung 16

Der Einfluß der Härtetemperatur auf die Schneideigenschaften
(A = $\frac{1}{a}$ ist die reziproke Kurvenneigung, b ist der Kleinstwert der Schnittkraft; b_{red} auf gleiche Klingendicke bezogen. B = $\frac{1}{b}$

und steigenden Restaustenitgehalts. Dieser Schneidfähigkeitswert bleibt im großen Ganzen bis zur T_H = 1300° erhalten.

Die Kurven der bei 1200° bis 1300° gehärteten Klingen weisen als Besonderheit auf, daß die Schneidfähigkeit dieser Klingen bei schlechten Anfangswerten nach einer gewissen Schnittdauer zunimmt, bevor sie dann endgültig abfällt. Diese Erscheinung hat ihren Grund in einer Kaltverfestigung der hochgehärteten Klingen. Durch den beträchtlichen Schneidendruck wird ein Teil des in der Wate befindlichen Restaustenits zu Martensit umgewandelt.

Ein Vergleich zwischen A- und B-Kurve in Abbildung 16 lehrt, daß bei dieser Legierung oder Härtungsart offenbar die Schneidfähigkeit immer auf Kosten der Standfähigkeit geht. Ein Ansteigen der Standfähigkeit ist verbunden mit einem gleichzeitigen Abfall der Schneidfähigkeit.

Es wäre zu erforschen, ob durch Zulegieren anderer hochbeständiger (W-, V-, Ti-) Karbide die Schneidfähigkeit bei Härtetemperaturen, die einen Anstieg der Standfähigkeit bringen (1060°) hoch gehalten werden kann.

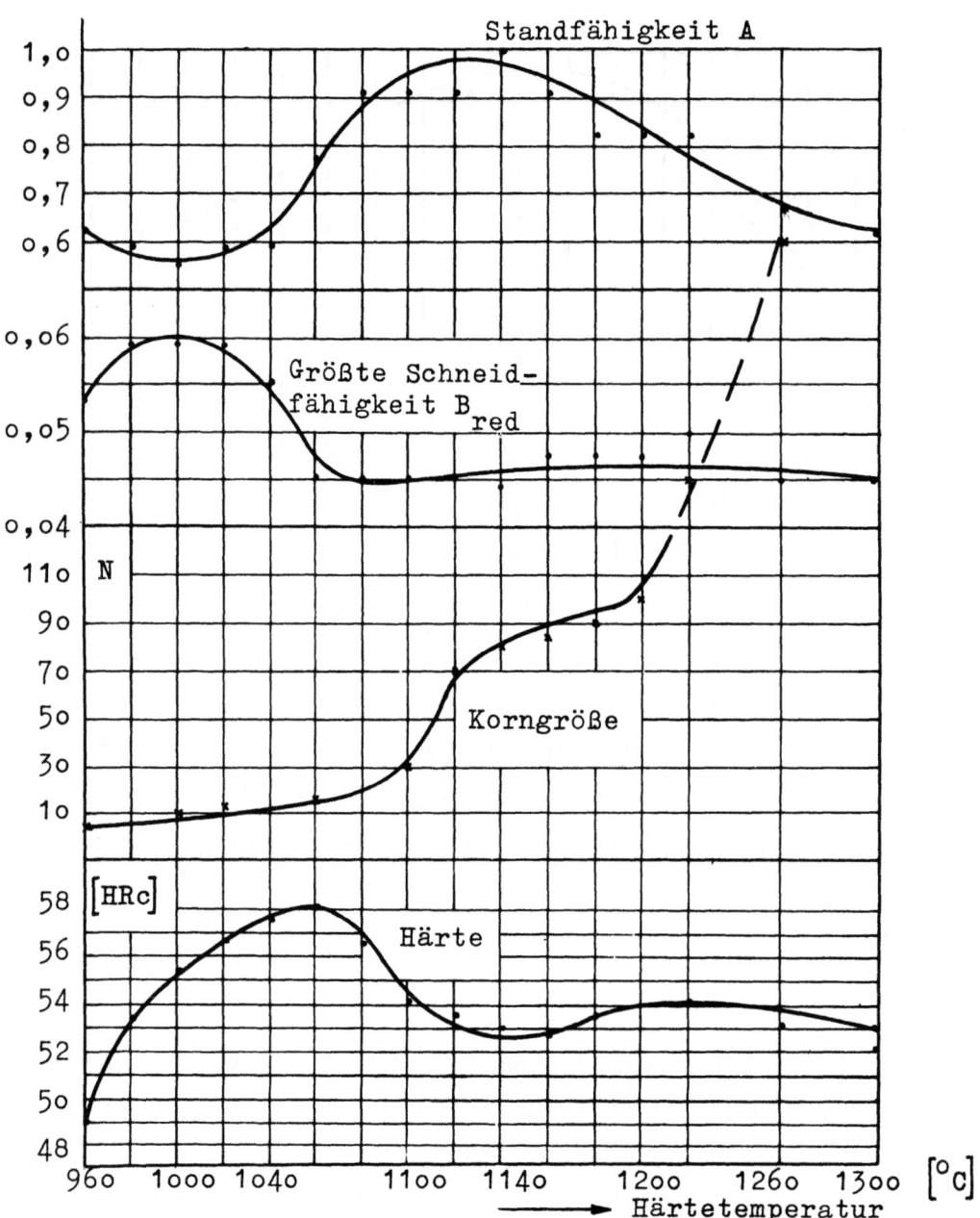

Abbildung 17

Zusammenhänge zwischen Standfähigkeit A, Schneidfähigkeit B, Karbidauflösung (Korngröße), Härte und Härtetemperatur

Weitere Möglichkeiten wären Doppelanlassen oder die Anwendung der Tiefkühlung. Auf den letzten Punkt wird in Abschnitt V. in einer kurzen Untersuchung noch eingegangen.

IV. Der Einfluß des Anlassens auf Härte und Schneideigenschaften

Der Anlaßvorgang hat in verschiedenen Stählen recht verschiedenartige Wirkungen. In C-Stählen will man durch ihn einen Abbau der nach dem

Forschungsberichte des Wirtschafts- und Verkehrsministeriums Nordrhein-Westfalen

Härten aufgetretenen Spannungsspitzen erreichen, womit ein Härteabfall verbunden ist. Bei maßgenauen Werkzeugen und Meßwerkzeugen will man durch Umwandeln des tetragonalen in kubischen Martensit beim Anlassen hauptsächlich bewirken, daß das Werkzeug im späteren Gebrauch keine mit Volumenänderung verbundene Gefügeumwandlung mehr erleidet. Bei wieder anderem Härtegut wünscht man durch Anlaßtemperaturen eine Härtesteigerung infolge Sekundärkarbidbildung zu erzielen.

Bei Stählen mit Restaustenitgehalt, also besonders bei chromlegierten Stählen, erreicht man durch Anlassen neben den erwähnten Effekten noch eine weitere Umwandlung von Restaustenit zu Martensit. Diese Anlaßwirkung ist nicht an den Ar" - Punkt gebunden, sondern findet auch schon bei geringerer Wärmeeinwirkung statt. Bekannt ist die Zunahme der Schneidfähigkeit einer Rasierklinge durch Eintauchen in heißes Wasser. Die Wassertemperatur von $60°$ bis $80°$ genügt also schon, um bei einem Stahl, dessen Ar"-Punkt wesentlich höher liegt, einen Teil Restaustenit in Martensit überzuführen.

Für den in den Versuchen verwendeten Stahl liegt der Ar"-Punkt nach Abbildung 2 bei etwa $270\,°C$. Durch Anlassen von Klingen, die von verschiedenen Temperaturen gehärtet worden waren, sollte die Frage geklärt werden, wie sich verschiedene, besonders niedrige Anlaßtemperaturen, auf die Härte auswirken.

Zunächst wurde der Einfluß der <u>Anlaßzeit</u> untersucht. Dazu wurden einige bei $1060°$ gehärtete Klingen Anlaßtemperaturen zwischen $100°$ und $225°$ ausgesetzt. Es wurden Anlaßzeiten von 5 und 15 Minuten eingehalten. Abbildung 18 zeigt, daß diese beiden unterschiedlichen Haltezeiten keinen Einfluß auf die Veränderung der Härte nehmen. Bei 15-minütiger Anlaßzeit trat eine gewisse Streuung ein, während die bei 5-minütigem Anlassen erzielten Härtewerte einen stetigen Verlauf aufweisen.

Nachdem kein Einfluß der Anlaßzeit beobachtet wurde, konnte für die weiteren Versuche eine Anlaßzeit von 5 Minuten eingehalten werden. Es wurden Klingen, die bei $960°$, $980°$, $1000°$, $1020°$, $1060°$ und $1100°$ mit 5 Minuten Haltezeit im Salzbad gehärtet worden waren, Anlaßtemperaturen zwischen $100°$ und $225°$ ausgesetzt.

Die Anlaßhärtewerte nehmen für alle Härtetemperaturstufen einen gleichsinnigen Verlauf (Abb. 19). Anlassen bei $100°$ hat einen Härteanstieg um durchschnittlich 1 HRc zur Folge, Anlassen bei $225°$ einen Härte<u>abfall</u>

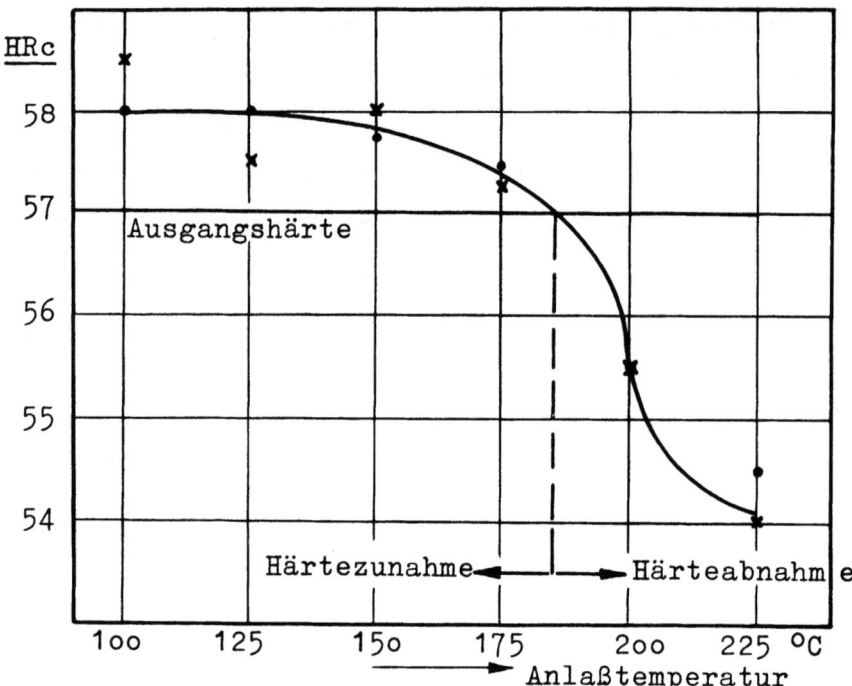

• 5 min Anlaßzeit

× 15 min Anlaßzeit

Abbildung 18

Einfluß der Anlaßzeit auf die Härteveränderung von Klingen, die bei $T_H = 1060°C$ gehärtet wurden

Ein Einfluß der Anla<u>ßzeit</u> auf die Härteveränderung ist nicht festzustellen

von 1 bis 3 HRc. Die dazwischen liegenden Anlaßhärtewerte ordnen sich auf einer S-förmigen Kurve an. Bei den bis 1060° gehärteten und angelassenen Klingen sinkt die Härte mit steigender Anlaßtemperatur T_A stetig, die Anlaßhärte der bei 1100° gehärteten Klingen steigt zunächst auf ein Maximum bei 150° T_A, um dann auch abzufallen.

Die Erklärung für dieses temperaturabhängig gegenläufige Verhalten ist in 2 entgegengesetzten Wirkungen des Anlaßvorganges zu suchen. Einmal wird durch Wärmeschwankungen innerhalb des Ar"-Bereichs ein Teil des verbliebenen Restaustenits zu Martensit umgewandelt. Die Folge ist eine Härtesteigerung. An der oberen Grenze des Umwandlungsbereichs tritt gleichzeitig ein Umklappen des tetragonalen Martensits zu kubischem hinzu, was einen Härteabfall und eine Volumenverkleinerung zur Folge hat. Der Härteabfall infolge Umwandlung der Martensitmodifikation übertrifft bei höheren Anlaßtemperaturen den Härteanstieg infolge Austenitzerfalls (Abb. 18 und 19).

Sämtliche Kurven der Härteveränderung infolge Anlassens schneiden die Linie ihrer Ausgangshärte. Auch in der Verschiebung dieses Schnittpunktes liegt

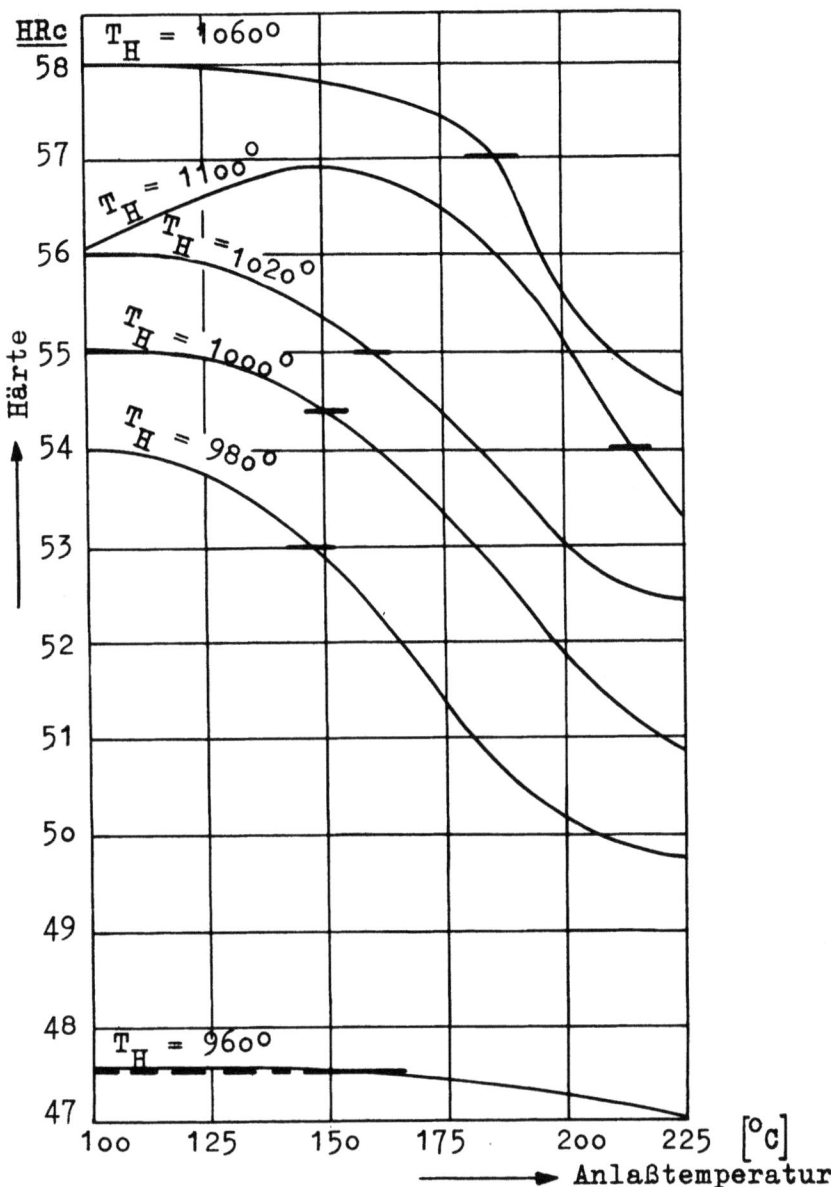

Abbildung 19

Härteveränderungen durch Anlassen bei Temperaturen unter 225°

(Haltezeit 5 min)

Die Schnittpunkte der Kurven mit den waagerechten Marken geben die Härte der nichtangelassenen Klingen an

eine Gesetzmäßigkeit. Abbildung 2o zeigt die Härte-Invariable als Linie, die von $T_H = 1100°$ und $T_A = 215°$ bis $T_H = 1000°$ und $T_A = 145°$ verläuft und sich dort zu einer Fläche verbreitert. Der Grund für die Verschiebung dieses Punktes nach links ist ein abnehmender umwandelbarer Restaustenitgehalt bei niederen Härtetemperaturen. Die im linken Feld möglichen Kombinationen zwischen Härte- und Anlaßtemperatur ergeben eine

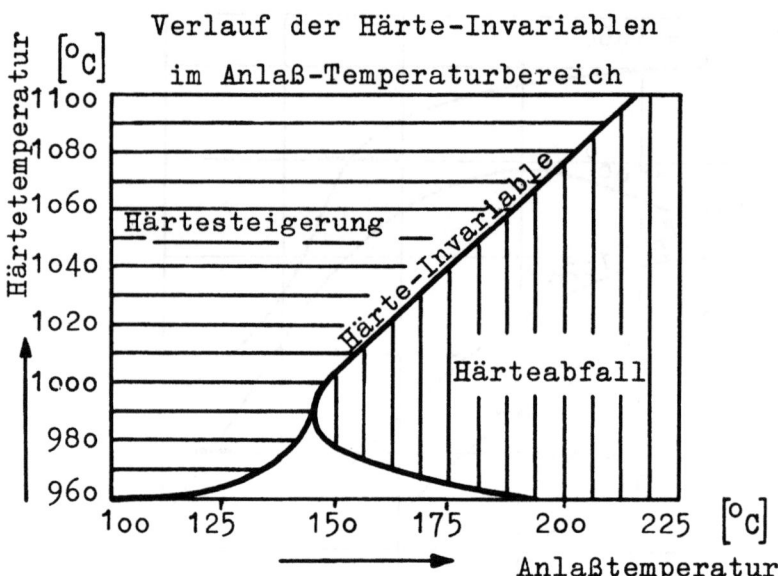

Abbildung 20

Schaubild der Härteveränderung

durch Anlassen eines rostfreien Messerstahls mit
0,42 % C und 13,75 % Cr.

Aufgestellt für je 5 Minuten Haltezeit beim Härten
und Anlassen.
Die im linken, waagerecht schraffierten Feld möglichen
Kombinationen von Härte- und Anlaßtemperatur bewirken
eine Härtesteigerung; die im rechten, senkrecht schraffierten Feld möglichen Kombinationen einen Härteabfall

Härtesteigerung gegenüber dem nichtangelassenen Zustand, die im rechten Feld möglichen einen Härteabfall.

Mit den aus den Anlaßversuchen erhaltenen Härtewerten wurde ein "Isoskleres Schaubild" zusammengestellt (Abb. 21). Unter "Isoskleren" sind Linien gleicher Härte zu verstehen. Das Schaubild erlaubt dem Benutzer, für eine gewünschte Härte die geeignete Kombination von Härte- und Anlaßtemperatur zu wählen. Das Schaubild zeigt ferner, daß das mögliche Härtemaximum für diesen Stahl zwischen 58 und 59 HRc liegt und nur durch eine Kombinationsmöglichkeit zu erzielen ist ($1070°$ T_H und $130°$ T_A).

Der Wert dieses Schaubilds wird dadurch erhöht, daß es gelang, ein ähnliches Schaubild mit Feldern gleicher Standfähigkeit aufzustellen (Abb. 23). Untersuchungsergebnisse über die Abhängigkeit des elastischen Biegeverhaltens von der Härte- und Anlaßtemperatur, die den Wert beider Schaubilder für die Praxis voll abrunden, folgen in Abschnitt VI.

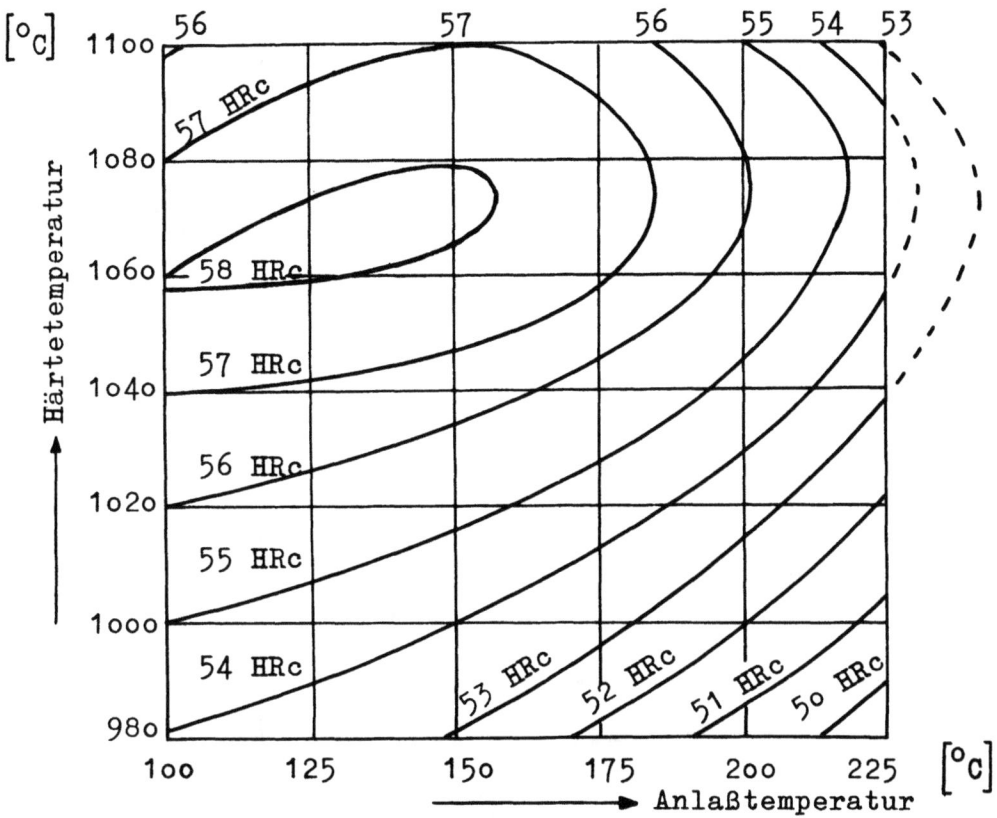

Abbildung 21

Isoskleres Schaubild für verschiedene Härte- und Anlaßtemperaturen
eines rostfreien Messerstahls mit 0,42 % C und
13,75 % Cr, aufgestellt für 5-minütige Haltezeiten
beim Härten und Anlassen.
Härtung aus dem Salzbad, Abschrecken und Anlassen in Öl.
(Isoskleren = Linien gleicher Härte)

Schneidversuche mit diesen Klingen zeigten folgendes: Die Klingen, die durch Anlassen eine Härtesteigerung erfahren hatten, bewiesen bei der Schneidenprüfung auch eine Steigerung der Standfähigkeit bis zu 20 % (Abb. 22 und Tab. 1). Auch die Schneidfähigkeit war mit Ausnahme der bei 980° gehärteten Klingen gegenüber dem nichtangelassenen Zustand leicht angestiegen. Nach höheren Anlaßtemperaturen, die einen Härteabfall bewirkt hatten, sank die Standfähigkeit gleichlaufend mit dem Härteabfall, in einem Falle sogar noch unter den A-Wert der nichtangelassenen Klingen.

Untersucht man die Ursache dieses Verhaltens, dann muß zunächst hervorgehoben werden, daß die Grundmasse durch den Anlaßvorgang in ihrem Cr- und C-Gehalt nicht verändert wird. Eine derartige Veränderung war bekanntlich bei den Härteversuchen der Grund für eine Standfähigkeitserhöhung. Hier

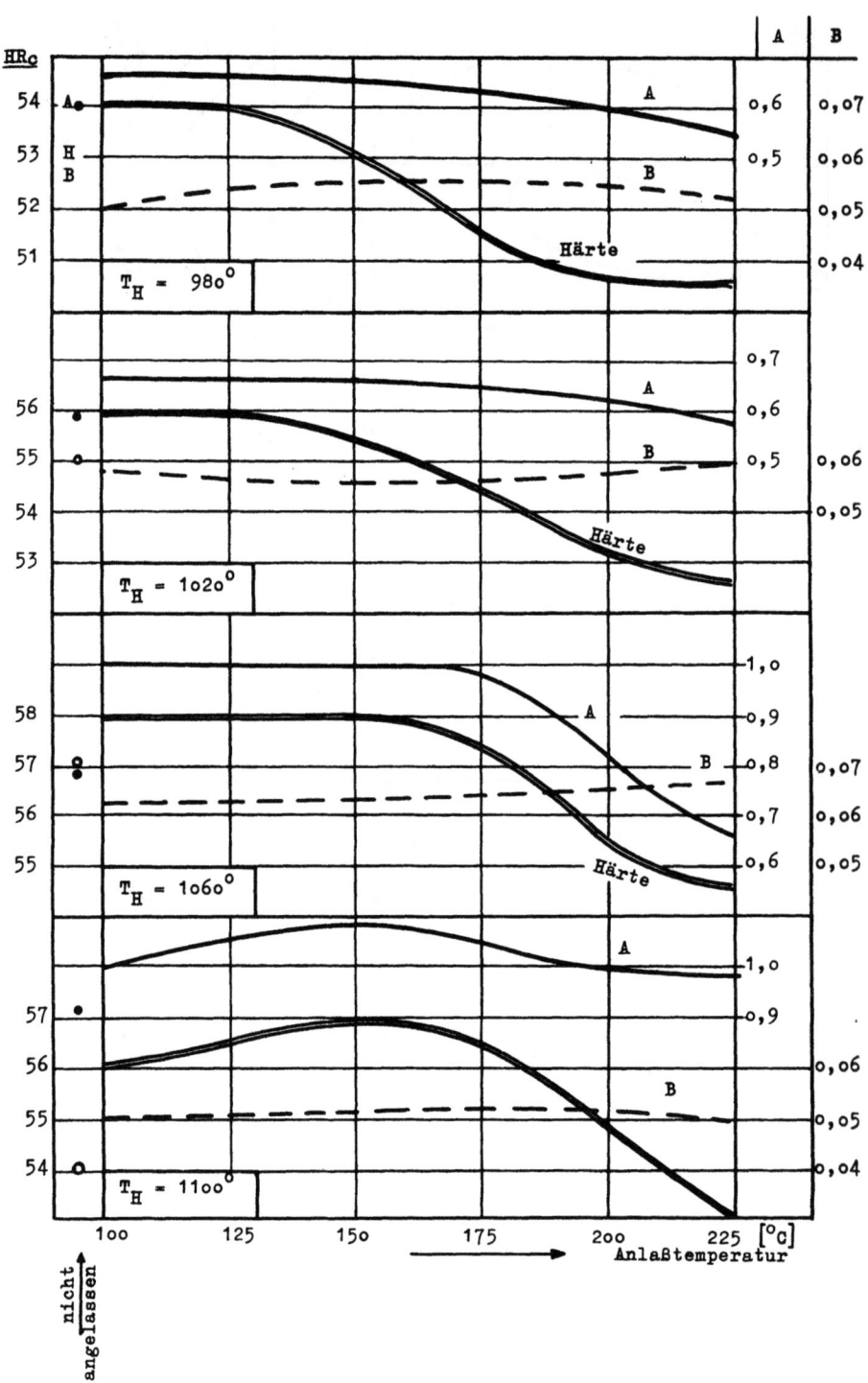

Abbildung 22

Einfluß der Anlaßtemperatur auf Standfähigkeit A und größte Schneidfähigkeit B im Vergleich zum Härteverlauf

dagegen ist lediglich die höhere Härte (Steigerung der Martensithärte) für die verbesserte Standfähigkeit verantwortlich, wie auch deren Absinken nach einem Anlassen auf 200° und 225° dem Härteabfall folgt.

Forschungsberichte des Wirtschafts- und Verkehrsministeriums Nordrhein-Westfalen

T a b e l l e 1 (zu Abbildung 22)

Der Einfluß verschiedener Anlaßtemperaturen
auf die Schneideigenschaften

T_H (°C)	T_A (°C)	Kurven-neigung a	geringste auftretende Schnittkraft b	Schneid-Kennwert SK (Standf./Schneidf.) A / B
980	nicht angelassen	1,6	16 kg	0,63 / 0,063
	100	1,5	21	0,66 / 0,05
	150	1,5	18	0,66 / 0,055
	225	1,8	19,5	0,55 / 0,05
1020	nicht angelassen	1,7	18	0,6 / 0,055
	100	1,5	17	0,66 / 0,06
	150	1,5	18	0,66 / 0,055
	225	1,7	17	0,6 / 0,06
1060	nicht angelassen	1,3	21	0,77 / 0,05
	100	1	16	1 / 0,063
	125	1	16	1 / 0,063
	150	1	16	1 / 0,063
	175	1	15,5	1 / 0,065
	200	1,2	15	0,83 / 0,067
	225	1,5	15	0,66 / 0,066
1100	nicht angelassen	1,1	22	0,9 / 0,045
	100	1	19	1 / 0,053
	125	1	19,5	1 / 0,05
	150	0,9	20	1,1 / 0,05
	175	1	20	1 / 0,05
	200	1	19,5	1 / 0,05
	225	1	19,5	1 / 0,05

T_H = Härtetemperatur
T_A = Anlaßtemperatur

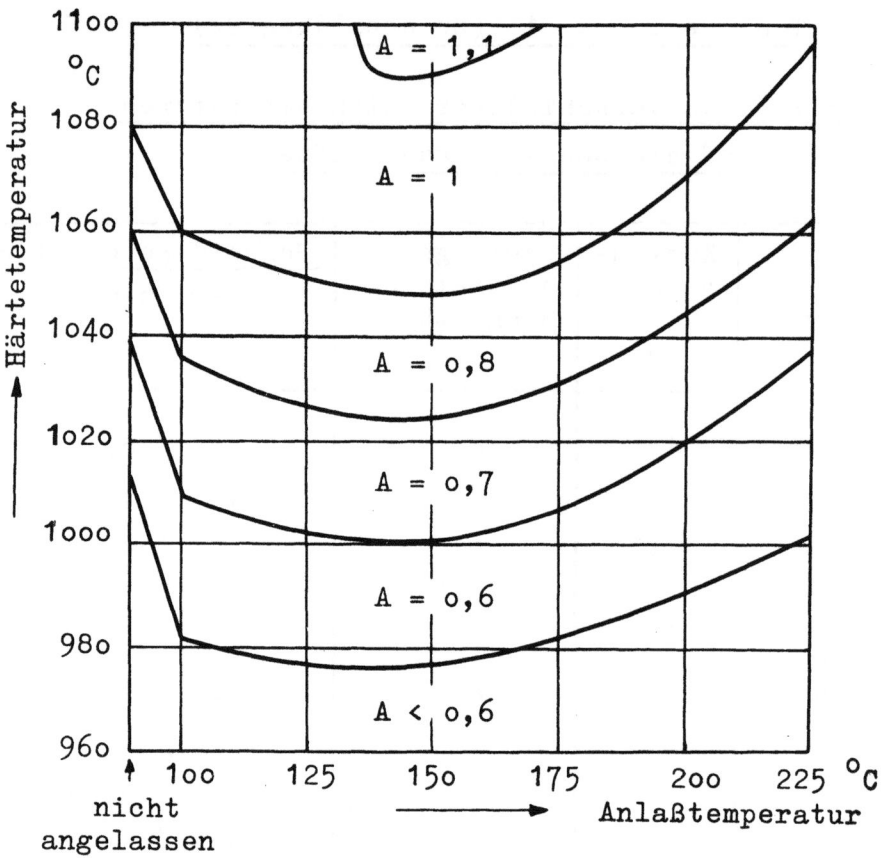

Abbildung 23

Felder gleicher Standfähigkeit A

bei verschiedenen Kombinationsmöglichkeiten von Härte- und Anlaßtemperatur. Aufgenommen an einem rostfreien Messerstahl mit 0,42 % C und 13,75 % Cr, bei je 5 min Haltezeit im Härte- und Anlaßbad.

Standfähigkeit $A = \frac{1}{a}$ = reziproker Steigungsfaktor der Stumpfungskurve.
A = 1: gute Standfähigkeit; A = 0,6: schlechte Standf.

Schwieriger ist eine Erklärung für den Anstieg der Schneidfähigkeit zu finden. Denkbar sind feinste Ausscheidungen auf den Martensitkorngrenzen. RAPATZ zieht einen ähnlichen Schluß, um die Abnahme der Zähigkeit eines bei 240° angelassenen Werkzeugstahls zu erklären (2).

Die Standfähigkeitsmessungen dieser Versuchsreihen erlauben nun wiederum die Aufstellung eines Schaubildes mit Feldern gleicher Standfähigkeit (Abb. 23). Es knüpft an Abbildung 16 an und zeigt, daß die beste Standfähigkeit nicht angelassener Klingen bei Härtetemperaturen oberhalb 1080° erzielt wird. Durch Anlassen bei Temperaturen zwischen 100° und 150° erreicht man, daß diese guten Standfähigkeitswerte auch bereits nach einer

Härtung von 1060° eintreten. Die Abbildung beweist, daß durch Anwendung niedriger Anlaßtemperaturen (100° - 150°) dieselbe Standfähigkeit erzielt wird, wie man sie ohne Anlassen, aber dafür bei 20° höherer Härtetemperatur erhält.

In Verbindung mit dem Isoskleren Schaubild (Abb. 21) werden Zusammenhänge zwischen Anlaßhärte und Standfähigkeit aufgezeigt.

Härte und Schneideigenschaften werden durch niedrige Anlaßtemperaturen verbessert.

V. Die Wirkung der Unterkühlung

Die in den letzten Jahren vielerörterte Frage der Tieftemperaturbehandlung von Stählen kann an dieser Stelle nicht erschöpfend aufgegriffen werden. Der Zweck eines kurzen Versuches war es, die Auswirkungen einer unterkühlten Härtung des o.a. rostfreien Messerstahls auf Härte und Schneideigenschaften zu prüfen.

Metallurgisch gesehen war der Schritt zur Tiefkühlung eine logische Folgerung aus der Erkenntnis, daß sich der Ar"-Punkt bei steigenden Chromgehalten und höheren Härtetemperaturen nach unten verschiebt. Der Ar"-Punkt ist bekanntlich nur der Beginn der Austenitumwandlung. Die untere Grenze des Umwandlungsbereichs ist nicht eindeutig festzustellen. Je näher man dieser unteren Grenze beim Abschrecken kommt, desto vollständiger ist die Umwandlung. Es liegt also auf der Hand, daß mit einem Abkühlen bei Temperaturen unterhalb 0° der Austenitzerfall stärker ist als beim üblichen Abschrecken.

Die Erwartungen, die anfangs in das Verfahren gesetzt wurden, wurden bei Vergleichsuntersuchungen gedämpft durch die Feststellung, daß in den meisten Fällen dieselbe Härte und Standfähigkeit auch durch doppeltes Anlassen erzielt werden kann. Darüber hinaus treten beim Tiefkühlen größerer Werkzeuge durch den schroffen Temperaturwechsel Spannungsrisse im Gefüge auf, die sich sehr nachteilig auf die Standfähigkeit auswirken können. In der Praxis macht man oft die Erfahrung, daß tiefgekühlte Messer im Gebrauch leichter zerbrechen als normal gehärtete. Man hat infolgedessen vielfach den Weg des Tiefkühlens wieder verlassen und behandelt viele Stähle mit besserem Erfolg und außerdem noch wesentlich kostengünstiger durch ein mehrmaliges Anlassen (5).

Unterschiede zwischen beiden Verfahren sind zweifellos vorhanden. Sie beziehen sich auf die Ausscheidung von Sekundärkarbiden, auf Volumenbeständigkeit und Gefügespannungen. Ein Eingehen hierauf übersteigt den Rahmen dieser Arbeit.

Es soll lediglich mit Hilfe des neuen Prüfgeräts einmal festgestellt werden, inwieweit Schneidfähigkeits- und Standfähigkeitswerte durch Tiefkühlen verbessert werden.

Es wurden je 4 bei 1060° und 1220° gehärtete Klingen (13,75 % Cr, 0,42 % C) einem Bad aus Kohlensäureschnee und Alkohol ausgesetzt, das eine Temperatur von -78 °C besaß. Die Klingen wurden solange im Bad gelassen, bis sie die Badtemperatur angenommen hatten (etwa 2 bis 3 Minuten). Es wurden folgende Veränderungen der Härte gemessen:

Tabelle 2

Härteveränderung durch Tiefkühlen

Härtetemperatur	Härte vor dem Tiefkühlen HRc	Härte nach dem Tiefkühlen HRc	Härtesteigerung durch Tiefkühlung HRc
1060°	56,5	58	1,5
1220°	54,5	59	4,5

Alle Klingen waren keiner Anlaßbehandlung ausgesetzt.

Die Härtewerte nach dem Tiefkühlen streuen innerhalb der zulässigen Streugrenzen des Rockwell-Härteprüfgeräts. Obige HRc-Werte sind Mittelwerte, so daß sich aus dem Versuch folgendes entnehmen läßt:

1. Durch Tiefkühlen restaustenithaltiger Stähle wird eine Härtesteigerung erzielt.
2. Die Härtesteigerung ist von der Menge des nach der Härtung verbliebenen Restaustenitgehalts abhängig.
3. Die durch Tiefkühlen erzielbare Endhärte ist unabhängig von der Ausgangshärte und vom Restaustenitgehalt nach der Härtung. Sie ist nur von der Legierung abhängig (Abb. 24).
4. Das durch Tiefkühlen erzielbare Härtemaximum liegt für die untersuchte Legierung bei 59 HRc im Durchschnitt. Es wurden Einzelwerte von 60,5 HRc gemessen.

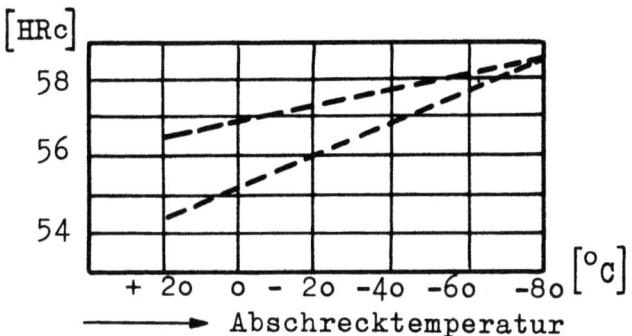

Abbildung 24

Die durch Tiefkühlen erzielbare Endhärte (nicht angelassen)
ist unabhängig von der Ausgangshärte

Schneidversuche mit diesen Klingen am neuentwickelten Prüfgerät hatten folgende Ergebnisse:

Tabelle 3

Verbesserung der Schneideigenschaften durch Tiefkühlung

Härte-temperatur	Schneidenkennwerte SK				Steigerung durch Tiefk.	
	vor dem Tiefkühlen		nach dem Tiefkühlen			
	A	B	A	B	A	B
1060°	0,77	0,045	1,0	0,050	30 %	10 %
1220°	0,83	0,045	1,0	0,053	20 %	20 %

Auswertung:

Durch Tiefkühlen restaustenithaltiger Messerstähle wird eine Verbesserung der Schneideigenschaften erzielt. Die Standfähigkeit der untersuchten Klingen konnte um 20 - 30 % gesteigert werden, die Schneidfähigkeit um 10 - 20 %. Die Steigerung der Schneideigenschaften ist offenbar von der Menge des durch Tiefkühlen noch umwandelbaren Restaustenits abhängig.

VI. Der Einfluß der Wärmebehandlung auf die elastische Biegefähigkeit rostfreier Messerklingen

Die exakte Prüfung der elastischen Biegefähigkeit von Messerklingen ist nicht einfach. In der vorliegenden Untersuchung wurden mehrere Wege eingeschlagen, deren Ergebnisse jedoch infolge unvermeidbarer Verfahrensmängel sich durchweg in einem merklichen Streubereich bewegen. Überdies sind sie nur von vergleichendem Wert für den untersuchten Querschnitt.

Eine exakte Bestimmung der Höhe der Elastizitätsgrenze σ_E in kg/mm^2 ohne Berücksichtigung des jeweiligen Trägheits- und Widerstandsmoments wäre nur im Zerreißversuch möglich. Die Durchführung dieses Versuchs mit genormten Zerreißstäben wäre aber wenig sinnvoll, da diese Stäbe infolge der von den Klingenformen stark abweichenden Querschnitte eine andere Gefügeausbildung zeigen würden als sie die Messerklingen nach gleichartiger Wärmebehandlung annehmen. Versuchsweise wurde ein Weg eingeschlagen, doppeltkonisches Band, das als Ausgangsmaterial für die Herstellung der untersuchten Klingen dient, nach entsprechender Wärmebehandlung zu zerreißen und die elastische Dehnung mittels Feindehnungsmesser nach Martens-Kennedy zu ermitteln. Diese Versuche scheiterten daran, daß die eingespannten Enden der Probe trotz Einbettung in Weicheisen und angebrachter Kerben aus den Einspannbacken herausrutschten. Die Härtung von Bandstücken größerer Länge (mehr als 2oo mm) war wegen der geringen Tiegelbreite des Härteofens nicht möglich.

Erfolgreicher gestalteten sich Versuche, die Höhe der Elastizitätsgrenze auf dem Wege statischer Federprüfung zu ermitteln. Trotz erheblicher Streuung der Meßwerte lassen sie wegen der gleichen Tendenz des beobachteten Meßwertverlaufs eindeutige Schlüsse auf die Auswirkung der Wärmebehandlung auf das Biegeverhalten zu.

Zunächst wurden Biegeversuche an Klingen durchgeführt. Die Klingen wurden auf Walzenauflagen (3o mm ⌀), Stützweite 7o mm, abgestützt und in der Mitte kg-weise belastet.

(Belastungsfall: beiderseits frei aufliegender Balken mit symmetrischer Mittenbelastung).

Nach jeder Belastungsstufe wurden die Klingen entlastet und mittels aufgesetzter Meßuhr auf bleibende Durchbiegung (beginnende plastische Verformung) untersucht. Da die Messer konischen Querschnitt haben, und bei unsachgemäßem Kraftangriff die Möglichkeit des Auftretens von unerwünschten Torsionsmomenten bestand, wurde durch eine besondere Vorrichtung der Kraftangriff im Schwerpunkt des Klingenquerschnitts angesetzt. Trotzdem traten Streuungen auf, da verschiedene Klingen durch die Härtung einen

Tabelle 4

Messung der elastischen Durchbiegung von Klingen

Belastungsfall: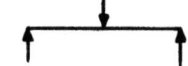

Messung an 2 Klingen je Temperaturstufe

Härte-temperatur	Maximale Biegelast bei beginnender plastischer Verformung
960°	10 kg 11 "
980°	11 kg 11 "
1000°	10 kg 12 "
1020°	13 kg 11 "
1040°	8 kg 10 "
1060°	11 kg 8 "
1080°	10 kg 7 "
1100°	10 kg 8 "
1120°	7 kg 7 "
1140°	11 kg 9 "
1160°	11 kg 8 "
1180°	8 kg 11 "

Forschungsberichte des Wirtschafts- und Verkehrsministeriums Nordrhein-Westfalen

geringen Verzug erlitten hatten und dadurch keine einwandfreie beidseitige Linienauflage fanden.

Für die ersten Versuche wurden nur gehärtete, nichtangelassene Klingen von ausgewähltem gleichen Querschnitt herangezogen. Trotz der Streuung ist aus den Werten der Tabelle 4 ersichtlich, daß die <u>Härtetemperatur</u> <u>keinen</u> erkennbaren <u>Einfluß</u> auf die Größe der elastischen Durchbiegung hat.

Dieses nicht erwartete Ergebnis wurde durch Anwendung eines zweiten Prüfverfahrens bestätigt.

Als Prüfkörper wurden nun 200 mm lange Stücke doppeltkonischen Bandstahls, aus dem die obigen Klingen hergestellt werden, verwendet. Sie wurden einseitig eingespannt und am andern Ende ausgelenkt.
(<u>Belastungsfall</u>: einseitig eingespannter Balken mit Einzellast am Ende).

Die Größe der Auslenkung (Biegepfeil f) wurde an einem Winkelmesser abgelesen. Durch gradweise Auslenkung und jeweilige Entlastung konnte der Beginn der plastischen Verformung, und damit das Ende der elastischen, genauestens ermittelt werden. Für die Bestimmung von σ_{bE}, - das ist die Biegespannung bei Erreichen der Elastizitätsgrenze -, ist dabei nur die Durchbiegung f (in mm) wichtig, die Kraft P braucht nicht bestimmt zu werden. Die Auslenkung konnte daher sehr präzise und teilstrichweise von Hand durchgeführt werden.

<u>Berechnungsgrundlagen:</u>

Querschnittsfläche des Bandes: (verzerrt)

$F_1 = F_2 = 18,5$ mm^2

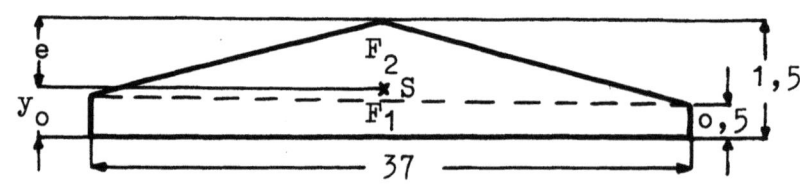

Schwerpunktshöhe der Gesamtfläche: $y_o = 0,54$ mm

Biegepfeil $f = \dfrac{P}{E \cdot I} \cdot \dfrac{l^3}{3}$

$\sigma = \dfrac{P \cdot l}{W}$

$\sigma = \dfrac{3 \cdot E \cdot e \cdot f}{l^2}$

$\dfrac{I}{W} = e =$ Abstand der äußeren, auf Zug beanspruchten Faser von der neutralen Faser

Versuchsbedingungen: Einseitig eingespannter Balken. Einzellast am Ende.

$$l = 75 \text{ mm}$$
$$E = 21,5 \cdot 10^3 \text{ kg/mm}^2 \text{ (für KW 4o)}$$
$$e_{max} = 0,96 \text{ mm}$$
$$f: 1 \text{ Teilstrich} = 1,3 \text{ mm}$$

Damit wird
$$\underline{\underline{\sigma = 11,1 \cdot f \ (\text{kg/mm}^2)}}$$

Die maximale elastische Biegebelastung läßt sich hiermit rechnerisch ermitteln, gilt aber nur für das Profil der benutzten Biegeproben, d.h. für den dafür gültigen Faserabstand e, bei Biegung über die Flachseite des Profils. Die obere Randfaser ist auf Zug beansprucht. Es ist klar, daß jeder andere Profilquerschnitt andere Zahlenwerte für σ_{bE} ergibt, da der Faserabstand e sich ändert.

In Tabelle 5 sind die erhaltenen Werte zusammengestellt. Unter Berücksichtigung kleinerer Querschnittsabweichungen, die zu Streuwerten führten, wird hier bestätigt, daß die Härtetemperatur nur einen geringen Einfluß auf σ_{bE} ausübt, die Anlaßtemperatur jedoch einen sehr auffälligen. Das elastische Biegevermögen (Abb. 25), sowie der Biegewinkel beim Bruch (Abb. 26) steigen mit der Anlaßtemperatur, und zwar genügt ein 5-minütiges Anlassen bei 175° bereits, um das elastische Biegevermögen gegenüber dem nichtangelassenen Zustand auf das Doppelte zu steigern. Bei $T_A = 225°$ wurden Werte von 2 1/2 bis 3-facher Höhe gemessen. Diese Grenzen schrumpfen etwas zusammen, wenn man in Tabelle 5 die sechste Spalte betrachtet, die die Auslenkung angibt, bei der am Hebelarm 75 mm eine bleibende Durchbiegung von f = 1 mm festgestellt wurde. Insbesondere scheinen diese Werte darauf hinzuweisen, daß ein Anlassen oberhalb 18o-2oo° keine besseren Werte mehr bringen. Der günstige Einfluß der Anlaßtemperatur auf den gesamten Verlauf ist jedoch auch hier unverkennbar.

Abbildung 27 zeigt Felder gleicher elastischer Grenzbiegespannung in Abhängigkeit von Härte- und Anlaßtemperatur. Wir sehen, daß wir nach einer Wärmebehandlung von $T_H = 1o5o°$ und $T_A = 15o°$ bei 5-minütigen Haltezeiten, die nach vorangegangenen Untersuchungen als die vorteilhafteste bezüglich der Erreichung optimaler Schneideigenschaften empfohlen werden konnte, einen guten Mittelwert für das elastische Biegeverhalten erreichen. Bessere Biegewerte infolge höheren Anlassens, (die nach dem oben gesagten noch zweifelhaft erscheinen), gehen wieder auf Kosten der Schneideigenschaften.

Tabelle 5

Messung der elastischen Biegefähigkeit von doppeltkonischem Bandstahl (rostfreier Messerstahl), gehärtet und angelassen

Belastungsfall:

1	2	3	4		5	6	7
Nr.	T_H °C	T_A °C	f_E Teilstr.	mm	σ_{bE} kg/mm^2	$f_{1\,mm}$ Teilstr.	f_{Bruch} Teilstr.
1	980	-	4	5,2	57	12	51
2	1020	-	6	7,8	87	17	42
3		125	8	10,4	105	22	49
4		175	12	15,6	173	24	65
5		225	18	23,4	260	25	kein Bruch bis 100
6	1040	-	10	13	144	18	40
7		125	13	16,9	188	22	45
8		175	17	22	244	25	70
9		225	20	26	290	27	kein Bruch bis 100
10	1060	-	5	6,5	72	13	43
11		125	11	14,3	160	20	44
12		175	12	15,6	173	23	65
13		225	19	24,7	275	23	100
14	1080	-	7	9,1	100	10	38
15		125	8	10,4	116	13	-
16		175	16	20,8	232	25	75
17		225	18	23,4	260	25	kein Bruch bis 100
18	1100	-	9	11,7	130	14	38
19		125	11	14,3	158	18	52
20		175	11	14,3	158	20	70
21		225	13	16,9	186	23	kein Bruch bis 100

Erläuterungen: Spalte 2: Härtetemperatur, Haltezeit 5 min
" 3: Anlaßtemperatur, Haltezeit 5 min
" 4: Max. elastische Durchbiegung in Winkelgraden und mm am Hebelarm l=75 mm
" 5: Elastische Biegefestigkeit
" 6: Erforderliche Auslenkung am Hebelarm 75 mm in Winkelgraden, um bei l=75 mm eine bleibende Durchbiegung von 1 mm zu erzeugen
" 7: Auslenkung in Winkelgraden beim Bruch

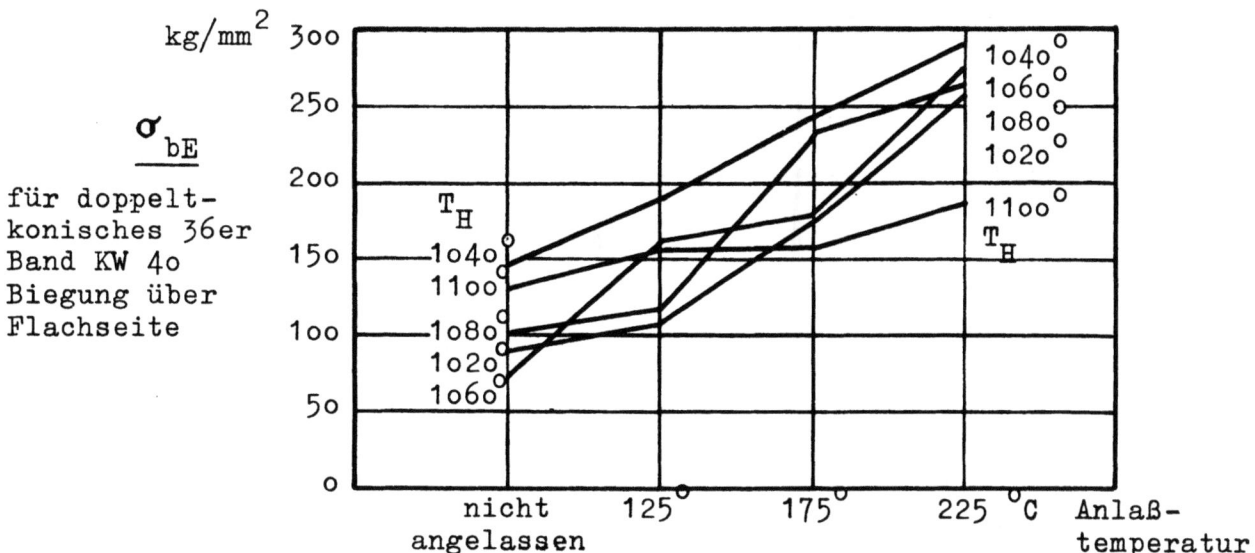

Abbildung 25 (zu Tab. 5, Spalte 5)
Elastische Biegefestigkeit σ_{bE} eines rostfreien
Messerstahls in Abh. von Härte- und Anlaßtemperatur,
aufgestellt für doppeltkonischen 36er Bandstahl KW 4o

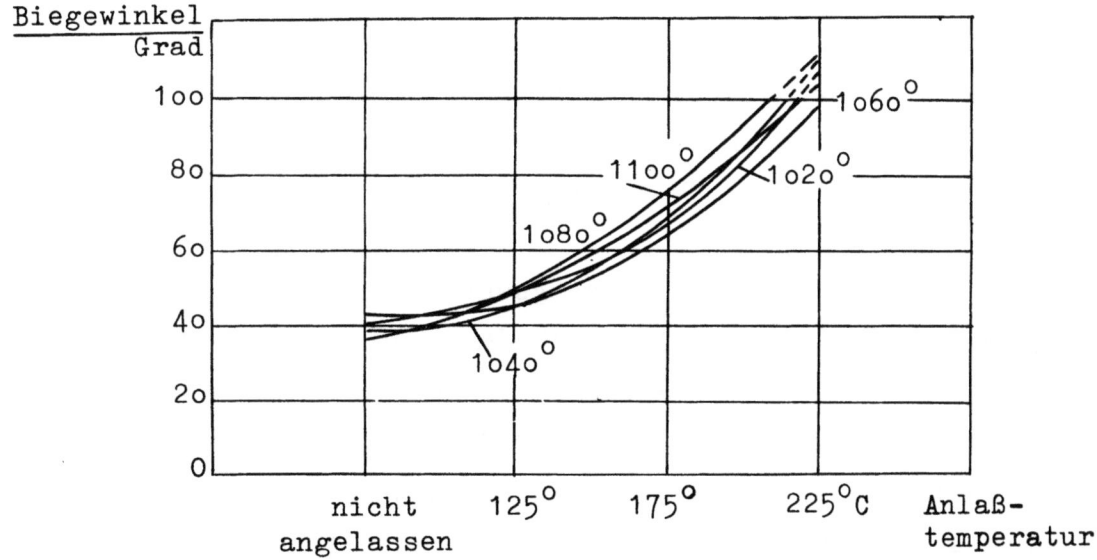

Abbildung 26 (zu Tab. 5, Spalte 7)
Biegewinkel im Moment des Bruches in Abh. von Härte- und
Anlaßtemperatur. Profil: 36er Bandstahl KW 4o, Biegung über Flachseite

Zu diesem Ergebnis ist zu sagen: Die Steigerungsmöglichkeit des Federvermögens eines Stahles durch Anlassen, parallel mit einer gleichzeitigen Zähigkeitserhöhung, ist bekannt (2). Unglaubhaft erscheint die

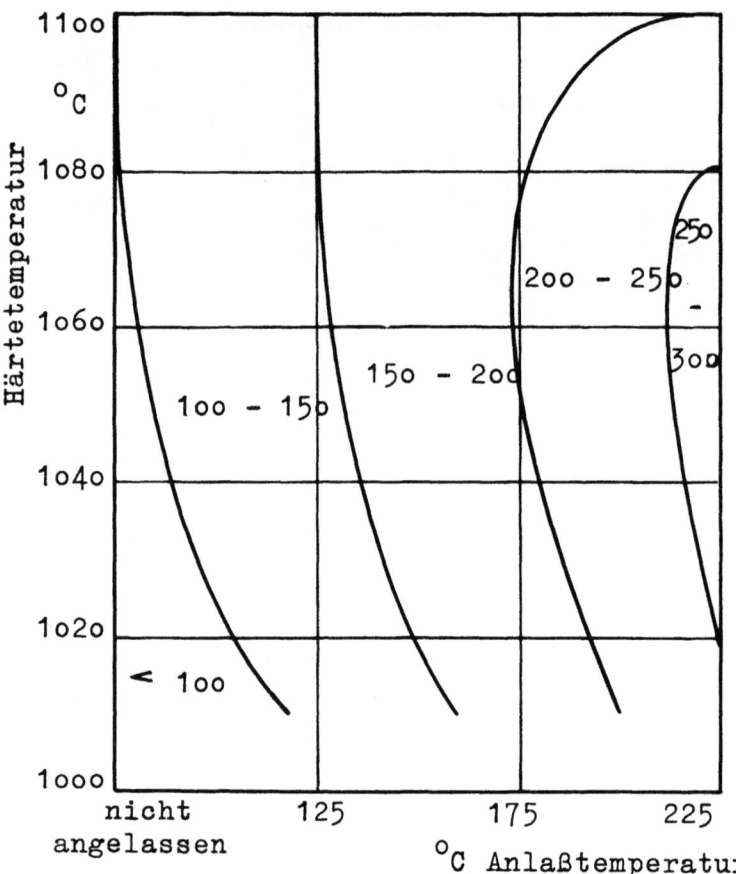

Abbildung 27
Felder gleicher elastischer Biegefestigkeit σ_{bE}
(in kg/mm^2) in Abhängigkeit von Härte- und Anlaßtemperatur
Profil: 36er Bandstahl KW 4o, Biegung über Flachseite

Erhöhung auf das 2 bis 3-fache der Ausgangswerte nach einem Anlassen bei 225°. Dieses letztere Ergebnis müßte durch Versuche größeren Umfangs noch nachgeprüft werden. Nach Tabelle 5, Spalte 6, wäre ein weiterer Anstieg von σ_{bE} durch Anlaßtemperaturen über 175° eher zu verneinen.

Um verläßliche bestimmte Aussagen machen zu können, waren die beiden Versuche nicht umfassend genug. Sie haben jedoch eindeutig bewiesen, daß das elastische Federvermögen durch Anlassen erhöht wird. Die Höhe der Härtetemperatur scheint keinen merklichen Einfluß auszuüben.

Die Ursache für die Elastizitätsgrenzenerhöhung ist in einer Kohlenstoffdiffusion innerhalb der Kristalle zu suchen, die durch den Anlaßvorgang ausgelöst wird. Die interkristallinen Härtespannungen werden dadurch gemindert. Mehr kann aus diesem kurzen Versuch nicht herausgelesen werden.

Vor allen Dingen bleibt noch dahingestellt, welche Rolle der Martensit-Modifikationswandel für die Erhöhung von σ_{bE} spielt. Die Bildung von tetragonalem Martensit aus Austenit geht bekanntlich unter Volumenzunahme vor sich (dadurch Auftreten von Härtespannungen), die Bildung von kubischem Martensit aus tetragonalem dagegen unter Volumenverkleinerung (dadurch Abbau von Spannungsspitzen). Zur Klärung dieser Frage sind noch umfassendere Versuche notwendig.

VII. Zusammenfassung

In Reihenuntersuchungen wurden Einflüsse von Härte- und Anlaßtemperaturen sowie die des Tiefkühlens auf die Härte und die Schneideigenschaften eines rostfreien Messerstahls mit 0,4 % C und 13.75 % Cr festgestellt und durch Anwendung des in der vorgenannten Dissertation veröffentlichten Schneiden-Prüfverfahrens zahlenmäßig erfaßt.

Die Versuche zeigten, daß es falsch ist, allein die Härte als Maßstab für die Schneideigenschaften anzusehen.

Das Maximum der Härte wurde mit 58 HRc nach einer Härtung von 1060 °C ermittelt, während höchste Standfähigkeit nach Härtungen zwischen 1080 ... 1160 °C erzielt wird. Höchste Schneidfähigkeit wird bei nichtangelassenen Klingen nach Härtungen von Temperaturen unter 1040 °C erhalten. Härtetemperaturen oberhalb 1180 °C bringen nochmals einen leichten Härteanstieg, bedingt durch das Auftreten von δ - Ferrit. Durch Anlaßbehandlung verschiebt sich das Bild etwas. Nach Anlassen bei niedrigen Temperaturen (100 ... 150 °C) wurde eine Härtezunahme um durchschnittlich 1 HRc beobachtet. Anlassen oberhalb 200 °C verursacht einen Härteabfall bis zu 3 HRc.

Durch Schaffung eines "Isoskleren Schaubildes" (Abb. 21) und einer Zusammenstellung von Feldern gleicher Standfähigkeit (Abb. 23) lassen sich die günstigsten Kombinationsmöglichkeiten von Härte- und Anlaßtemperaturen ermitteln. Danach wird das Maximum der Standfähigkeit, das bei nichtangelassenen Klingen nach einer Härtung von T_H = 1080 °C erzielt wird, auch durch eine Kombination von T_H = 1050 °C und T_A = 150 °C erhalten. Diese Wärmebehandlung ruft nach Abbildung 27 auch eine gute elastische Biegefähigkeit hervor und die Schneidfähigkeit erreicht ihren Bestwert.

Forschungsberichte des Wirtschafts- und Verkehrsministeriums Nordrhein-Westfalen

Durch Tiefkühlung bei -78 °C nach einer Härtung von 1060 °C wurde eine Steigerung von Härte und Standfähigkeit auf die gleiche Höhe beobachtet wie sie durch vorgenannte Härte- und Anlaßtemperaturen erzielt wurde. Die Schneidfähigkeit war nur wenig angestiegen.

Es bleibt noch zu untersuchen, wie sich die Eigenschaften durch Anwendung beider Verfahren (Tiefkühlen und Anlassen) ändern.

Bemerkenswert ist die Beobachtung, daß hochgehärtete rostfreie Klingen durch Kaltverfestigung nach kurzer Benutzung nachschärfen, niedriggehärtete dagegen ihre größte Schärfe gleich nach dem Abziehen annehmen, wie es auch bei C-Stahlklingen der Fall ist.

Die Untersuchungen haben somit gezeigt, wie ein rostfreier Messerstahl mit 0,4 % C und 13,75 % Cr wärmebehandelt werden muß, um mit ihm optimale Schneidleistungen zu erzielen. Als günstigste Wärmebehandlung für diesen Stahl muß empfohlen werden:

Härtung: 1050 °C Salzbad,
5 Minuten Haltezeit,
Ölabkühlung.
(Evtl. Tiefkühlen bei -78 °C, 3 Minuten).

Anlassen: 150° Ölbad, 5 Minuten.

Dipl. Ing H. STÜDEMANN, Solingen
Dr.-Ing. W. MÜCHLER, Essen

VIII. Literaturverzeichnis

(1) HOUDREMONT, E.   Einführung in die Sonderstahlkunde, Springer, Berlin 1935

(2) RAPATZ, F.   Die Edelstähle. Springer 1951

(3)   Courbes de Transformation. IRSID. Delbert & Const. St.Germain-En-Laye, 1954

(4)   Supplement to Atlas of Isothermal Transformation Diagrams Pittsburgh 1953

(5) KUNZE, E.   Die Tieftemperaturbehandlung von Stählen. Stahl & Eisen 6/1950

(6) MÜCHLER, W.   Untersuchung und zahlenmäßige Bestimmung der Schneideigenschaften von Messern, mit besonderer Berücksichtigung rostfreier Messerstähle. Dissertation TH Braunschweig 1954

FORSCHUNGSBERICHTE DES WIRTSCHAFTS- UND VERKEHRSMINISTERIUMS NORDRHEIN-WESTFALEN

Herausgegeben von Staatssekretär Prof. Leo Brandt

HEFT 1
Prof. Dr.-Ing. E. Flegler, Aachen
Untersuchungen oxydischer Ferromagnet-Werkstoffe
1952, 20 Seiten, DM 6,75

HEFT 2
Prof. Dr. W. Fuchs, Aachen
Untersuchungen über absatzfreie Teeröle
1952, 32 Seiten, 5 Abb., 6 Tabellen, DM 10,—

HEFT 3
Techn.-Wissenschaftl. Büro für die Bastfaserindustrie, Bielefeld
Untersuchungsarbeiten zur Verbesserung des Leinenwebstuhls
1952, 44 Seiten, 7 Abb., 3 Tabellen, DM 12,50

HEFT 4
Prof. Dr. E. A. Müller und Dipl.-Ing. H. Spitzer, Dortmund
Untersuchungen über die Hitzebelastung in Hüttebetrieben
1952, 28 Seiten, 5 Abb., 1 Tabelle, DM 9,—

HEFT 5
Dipl.-Ing. W. Fister, Aachen
Prüfstand der Turbinenuntersuchungen
1952, 40 Seiten, 30 Abb., 3 Schaltbilder, DM 1,—

HEFT 6
Prof. Dr. W. Fuchs, Aachen
Untersuchungen über die Zusammensetzung und Verwendbarkeit von Schwelteerfraktionen
1952, 36 Seiten, DM 10.50

HEFT 7
Prof. Dr. W. Fuchs, Aachen
Untersuchungen über emsländisches Petrolatum
1952, 36 Seiten, 1 Abb., 17 Tabellen, DM 10,50

HEFT 8
M. E. Meffert und H. Stratmann, Essen
Algen-Großkulturen im Sommer 1951
1953, 52 Seiten, 4 Abb., 20 Tabellen, DM 9,75

HEFT 9
Techn.-Wissenschaftl. Büro für die Bastfaserindustrie, Bielefeld
Untersuchungen über die zweckmäßige Wicklungsart von Leinengarnkreuzspulen unter Berücksichtigung der Anwendung hoher Geschwindigkeiten des Garnes
Vorversuche für Zetteln und Schären von Leinengarnen auf Hochleistungsmaschinen
1952, 48 Seiten, 7 Abb., 7 Tabellen, DM 9,25

HEFT 10
Prof. Dr. W. Vogel, Köln
„Das Streifenpaar" als neues System zur mechanischen Vergrößerung kleiner Verschiebungen und seine technischen Anwendungsmöglichkeiten
1953, 20 Seiten, 6 Abb., DM 4,50

HEFT 11
Laboratorium für Werkzeugmaschinen und Betriebslehre, Technische Hochschule Aachen
1. Untersuchungen über Metallbearbeitung im Fräsvorgang mit Hartmetallwerkzeugen und negativem Spanwinkel
2. Weiterentwicklung des Schleifverfahrens für die Herstellung von Präzisionswerkstücken unter Vermeidung hoher Temperaturen
3. Untersuchung von Oberflächenveredlungsverfahren zur Steigerung der Belastbarkeit hochbeanspruchter Bauteile
1953, 80 Seiten, 61 Abb., DM 15,75

HEFT 12
Elektrowärme-Institut, Langenberg (Rhld.)
Induktive Erwärmung mit Netzfrequenz
1952, 22 Seiten 6 Abb., DM 5,20

HEFT 13
Techn.-Wissenschaftl. Büro für die Bastfaserindustrie, Bielefeld
Das Naßspinnen von Bastfasergarnen mit chemischen Zusätzen zum Spinnbad
1953, 52 Seiten, 4 Abb., 19 Tabellen, DM 10,—

HEFT 14
Forschungsstelle für Acetylen, Dortmund
Untersuchungen über Aceton als Lösungsmittel für Acetylen
1952, 64 Seiten, 10 Abb., 26 Tabellen, DM 12,25

HEFT 15
Wäschereiforschung Krefeld
Trocknen von Wäschestoffen
1953, 48 Seiten, 14 Abb., 2 Tabellen, DM 9,—

HEFT 16
Max-Planck-Institut für Kohlenforschung, Mülheim a. d. Ruhr
Arbeiten des MPI für Kohlenforschung
1953, 104 Seiten, 9 Abb., DM 17,80

HEFT 17
Ingenieurbüro Herbert Stein, M.-Gladbach
Untersuchung der Verzugsvorgänge in den Streckwerken verschiedener Spinnereimaschinen. 1. Bericht: Vergleichende Prüfung mit verschiedenen Dickenmeßgeräten
1952, 36 Seiten, 15 Abb., DM 8,—

HEFT 18
Wäschereiforschung Krefeld
Grundlagen zur Erfassung der chemischen Schädigung beim Waschen
1953, 68 Seiten, 15 Abb., 15 Tabellen, DM 12,75

HEFT 19
Techn.-Wissenschaftl. Büro für die Bastfaserindustrie, Bielefeld
Die Auswirkung des Schlichtens von Leinengarnketten auf den Verarbeitungswirkungsgrad, sowie die Festigkeit und Dehnungsverhältnisse der Garne und Gewebe
1953, 48 Seiten, 1 Abb., 9 Tabellen, DM 9,—

HEFT 20
Techn.-Wissenschaftl. Büro für die Bastfaserindustrie, Bielefeld
Trocknung von Leinengarnen I
Vorgang und Einwirkung auf die Garnqualität
1953, 62 Seiten, 18 Abb., 5 Tabellen, DM 12,—

HEFT 21
Techn.-Wissenschaftl. Büro für die Bastfaserindustrie, Bielefeld
Trocknung von Leinengarnen II
Spulenanordnung und Luftführung beim Trocknen von Kreuzspulen
1953, 66 Seiten, 22 Abb., 9 Tabellen, DM 13,—

HEFT 22
Techn.-Wissenschaftl. Büro für die Bastfaserindustrie, Bielefeld
Die Reparaturanfälligkeit von Webstühlen
1953, 28 Seiten, 7 Abb., DM 5,80

HEFT 23
Institut für Starkstromtechnik, Aachen
Rechnerische und experimentelle Untersuchungen zur Kenntnis der Metadyne als Umformer von konstanter Spannung auf konstanten Strom
1953, 52 Seiten, 20 Abb., 4 Tafeln, DM 9,75

HEFT 24
Institut für Starkstromtechnik, Aachen
Vergleich verschiedener Generator-Metadyne-Schaltungen in bezug auf statisches Verhalten
1952, 44 Seiten, 23 Abb., DM 8,50

HEFT 25
Gesellschaft für Kohlentechnik mbH., Dortmund-Eving
Struktur der Steinkohlen und Steinkohlen-Kokse
1953, 58 Seiten, DM 11,—

HEFT 26
Techn.-Wissenschaftl. Büro für die Bastfaserindustrie, Bielefeld
Vergleichende Untersuchungen zweier neuzeitlicher Ungleichmäßigkeitsprüfer für Bänder und Garne hinsichtlich ihrer Eignung für die Bastfaserspinnerei
1953, 64 Seiten, 30 Abb., DM 12,50

HEFT 27
Prof. Dr. E. Schratz, Münster
Untersuchungen zur Rentabilität des Arzneipflanzenanbaues Römische Kamille, Anthemis nobilis L.
1953, 16 Seiten, 1 Tabelle, DM 3,60

HEFT 28
Prof. Dr. E. Schratz, Münster
Calendula officinalis L. Studien zur Ernährung, Blütenfüllung und Rentabilität der Drogengewinnung
1953, 24 Seiten, 2 Abb., 3 Tabellen, DM 5,20

HEFT 29
Techn.-Wissenschaftl. Büro für die Bastfaserindustrie, Bielefeld
Die Ausnützung der Leinengarne in Geweben
1953, 100 Seiten, 14 Abb., 10 Tabellen, DM 17,80

HEFT 30
Gesellschaft für Kohlentechnik mbH., Dortmund-Eving
Kombinierte Entaschung und Verschwelung von Steinkohle; Aufarbeitung von Steinkohlenschlämmen zu verkokbarer oder verschwelbarer Kohle
1953, 56 Seiten, 16 Abb., 10 Tabellen, DM 10,50

HEFT 31
Dipl.-Ing. A. Stormanns, Essen
Messung des Leistungsbedarfs von Doppelsteg-Kettenförderern
1954, 54 Seiten, 18 Abb., 3 Anlagen, DM 11,—

HEFT 32
Techn.-Wissenschaftl. Büro für die Bastfaserindustrie, Bielefeld
Der Einfluß der Natriumchloridbleiche auf Qualität und Verwebbarkeit von Leinengarnen und die Eigenschaften der Leinengewebe unter besonderer Berücksichtigung des Einsatzes von Schützen- und Spulenwechselautomaten in der Leinenweberei
1953, 64 Seiten, 2 Abb., 12 Tabellen, DM 11,50

HEFT 33
Kohlenstoffbiologische Forschungsstation e. V.
Eine Methode zur Bestimmung von Schwefeldioxyd und Schwefelwasserstoff in Rauchgasen und in der Atmosphäre
1953, 32 Seiten, 8 Abb., 3 Tabellen, DM 6.50

HEFT 34
Textilforschungsanstalt Krefeld
Quellungs- und Entquellungsvorgänge bei Faserstoffen
1953, 52 Seiten, 13 Abb., 13 Tabellen, DM 9,80

WESTDEUTSCHER VERLAG · KÖLN UND OPLADEN

HEFT 35
Professor Dr. W. Kast, Krefeld
Feinstrukturuntersuchungen an künstlichen Zellulosefasern verschiedener Herstellungsverfahren.
Teil I: Der Orientierungszustand
1953, 74 Seiten, 30 Abb., 7 Tabellen, DM 13,80

HEFT 36
Forschungsinstitut der feuerfesten Industrie, Bonn
Untersuchungen über die Trocknung von Rohton
Untersuchungen über die chemische Reinigung von Silika- und Schamotte-Rohstoffen mit chlorhaltigen Gasen
1953, 60 Seiten, 5 Abb., 5 Tabellen, DM 11,—

HEFT 37
Forschungsinstitut der feuerfesten Industrie, Bonn
Untersuchungen über den Einfluß der Probenvorbereitung auf die Kaltdruckfestigkeit feuerfester Steine
1953, 40 Seiten, 2 Abb., 5 Tabellen, DM 7,80

HEFT 38
Forschungsstelle für Acetylen, Dortmund
Untersuchungen über die Trocknung von Acetylen zur Herstellung von Dissousgas
1953, 36 Seiten, 11 Abb., 3 Tabellen, DM 6,80

HEFT 39
Forschungsgesellschaft Blechverarbeitung e. V., Düsseldorf
Untersuchungen an prägegemusterten und vorgelochten Blechen
1953, 46 Seiten, 34 Abb., DM 9,50

HEFT 40
Landesgeologe Dr.-Ing. W. Wolff, Amt für Bodenforschung, Krefeld
Untersuchungen über die Anwendbarkeit geophysikalischer Verfahren zur Untersuchung von Spateisengängen im Siegerland
1953, 46 Seiten, 8 Abb., DM 8,80

HEFT 41
Techn.-Wissenschaftl. Büro für die Bastfaserindustrie, Bielefeld
Untersuchungsarbeiten zur Verbesserung des Leinenwebstuhles II
1953, 40 Seiten, 4 Abb., 5 Tabellen, DM 7,80

HEFT 42
Professor Dr. B. Helferich, Bonn
Untersuchungen über Wirkstoffe — Fermente — in der Kartoffel und die Möglichkeit ihrer Verwendung
1953, 58 Seiten, 9 Abb., DM 11,—

HEFT 43
Forschungsgesellschaft Blechverarbeitung e. V., Düsseldorf
Forschungsergebnisse über das Beizen von Blechen
1953, 48 Seiten, 38 Abb., 2 Tabellen, DM 11,30

HEFT 44
Arbeitsgemeinschaft für praktische Dehnungsmessung, Düsseldorf
Eigenschaften und Anwendungen von Dehnungsmeßstreifen
1953, 68 Seiten, 43 Abb., 2 Tabellen, DM 13,70

HEFT 45
Losenhausenwerk Düsseldorfer Maschinenbau AG., Düsseldorf
Untersuchungen von störenden Einflüssen auf die Lastgrenzenanzeige von Dauerschwingprüfmaschinen
1953, 36 Seiten, 11 Abb., 3 Tabellen, DM 7,25

HEFT 46
Prof. Dr. W. Fuchs, Aachen
Untersuchungen über die Aufbereitung von Wasser für die Dampferzeugung in Benson-Kesseln
1953, 58 Seiten, 18 Abb., 9 Tabellen, DM 11,20

HEFT 47
Prof. Dr.-Ing. K. Krekeler, Aachen
Versuche über die Anwendung der induktiven Erwärmung zum Sintern von hochschmelzenden Metallen sowie zur Anlegierung und Vergütung von aufgespritzten Metallschichten mit dem Grundwerkstoff
1954, 66 Seiten, 39 Abb., DM 13,90

HEFT 48
Max-Planck-Institut für Eisenforschung, Düsseldorf
Spektrochemische Analyse der Gefügebestandteile in Stählen nach ihrer Isolierung
1953, 38 Seiten, 8 Abb., 5 Tabellen, DM 7,80

HEFT 49
Max-Planck-Institut für Eisenforschung, Düsseldorf
Untersuchungen über Ablauf der Desoxydation und die Bildung von Einschlüssen in Stählen
1953, 52 Seiten, 19 Abb., 3 Tabellen, DM 12,40

HEFT 50
Max-Planck-Institut für Eisenforschung, Düsseldorf
Flammenspektralanalytische Untersuchung der Ferritzusammensetzung in Stählen
1953, 44 Seiten, 15 Abb., 4 Tabellen, DM 8,60

HEFT 51
Verein zur Förderung von Forschungs- und Entwicklungsarbeiten in der Werkzeugindustrie e. V., Remscheid
Untersuchungen an Kreissägeblättern für Holz, Fehler- und Spannungsprüfverfahren
1953, 50 Seiten, 23 Abb., DM 10,—

HEFT 52
Forschungsstelle für Acetylen, Dortmund
Untersuchungen über den Umsatz bei der explosiblen Zersetzung von Azetylen
a) Zersetzung von gasförmigem Azetylen
b) Zersetzung von an Silikagel adsorbiertem Azetylen
1954, 48 Seiten, 8 Abb., 10 Tabellen, DM 9,25

HEFT 53
Professor Dr.-Ing. H. Opitz, Aachen
Reibwert und Verschleißmessungen an Kunststoffgleitführungen für Werkzeugmaschinen
1954, 38 Seiten, 18 Abb., DM 8,20

HEFT 54
Professor Dr.-Ing. F. A. F. Schmidt, Aachen
Schaffung von Grundlagen für die Erhöhung der spez. Leistung und Herabsetzung des spez. Brennstoffverbrauches bei Ottomotoren mit Teilbericht über Arbeiten an einem neuen Einspritzverfahren
1954, 34 Seiten, 15 Abb., DM 7,40

HEFT 55
Forschungsgesellschaft Blechverarbeitung e. V. Düsseldorf
Chemisches Glänzen von Messing und Neusilber
1954, 50 Seiten, 21 Abb., 1 Tabelle, DM 10,20

HEFT 56
Forschungsgesellschaft Blechverarbeitung e. V., Düsseldorf
Untersuchungen über einige Probleme der Behandlung von Blechoberflächen
1954, 52 Seiten, 42 Abb., DM 11,20

HEFT 57
Prof. Dr.-Ing. F. A. F. Schmidt, Aachen
Untersuchungen zur Erforschung des Einflusses des chemischen Aufbaues des Kraftstoffes auf sein Verhalten im Motor und in Brennkammern von Gasturbinen
1954, 70 Seiten, 32 Abb., DM 14,60

HEFT 58
Gesellschaft für Kohlentechnik mbH., Dortmund
Herstellung und Untersuchung von Steinkohlenschwelteer
1954, 74 Seiten, 9 Abb., 9 Tabellen, DM 13,75

HEFT 59
Forschungsinstitut der Feuerfest-Industrie e. V., Bonn
Ein Schnellanalysenverfahren zur Bestimmung von Aluminiumoxyd, Eisenoxyd und Titanoxyd in feuerfestem Material mittels organischer Farbreagenzien auf photometrischem Wege
Untersuchungen des Alkali-Gehaltes feuerfester Stoffe mit dem Flammenphotometer nach Riehm-Lange
1954, 62 Seiten, 12 Abb., 3 Tabellen, DM 11,60

HEFT 60
Forschungsgesellschaft Blechverarbeitung e. V., Düsseldorf
Untersuchungen über das Spritzlackieren im elektrostatischen Hochspannungsfeld
1954, 82 Seiten, 53 Abb., 7 Tabellen, DM 17,—

HEFT 61
Verein zur Förderung von Forschungs- und Entwicklungsarbeiten in der Werkzeugindustrie e. V., Remscheid
Schwingungs- und Arbeitsverhalten von Kreissägeblättern für Holz
1954, 54 Seiten, 31 Abb., DM 11,40

HEFT 62
Professor Dr. W. Franz, Institut für theoretische Physik der Universität Münster
Berechnung des elektrischen Durchschlags durch feste und flüssige Isolatoren
1954, 36 Seiten, DM 7,—

HEFT 63
Textilforschungsanstalt Krefeld
Neue Methoden zur Untersuchung der Wirkungsweise von Textilhilfsmitteln
Untersuchungen über Schlichtungs- und Entschlichtungsvorgänge
1954, 34 Seiten, 1 Abb., 5 Tabellen, DM 6,80

HEFT 64
Textilforschungsanstalt Krefeld
Die Kettenlängenverteilung von hochpolymeren Faserstoffen
Über die fraktionierte Fällung von Polyamiden
1954, 44 Seiten, 13 Abb., DM 8,60

HEFT 65
Fachverband Schneidwarenindustrie, Solingen
Untersuchungen über das elektrolytische Polieren von Tafelmesserklingen aus rostfreiem Stahl
1954, 90 Seiten, 38 Abb., 9 Tabellen, DM 17,35

HEFT 66
Dr.-Ing. P. Füsgen VDI †, Düsseldorf
Untersuchungen über das Auftreten des Ratterns bei selbsthemmenden Schneckengetrieben und seine Verhütung
1954, 32 Seiten, 5 Abb., DM 6,60

HEFT 67
Heinrich Wösthoff o. H. G., Apparatebau, Bochum
Entwicklung einer chemisch-physikalischen Apparatur zur Bestimmung kleinster Kohlenoxyd-Konzentrationen
1954, 94 Seiten, 48 Abb., 2 Tabellen, DM 18,25

HEFT 68
Kohlenstoffbiologische Forschungsstation e. V., Essen
Algengroßkulturen im Sommer 1952
II. Über die unsterile Großkultur von Scenedesmus obliquus
1954, 62 Seiten, 3 Abb., 29 Tabellen, DM 11,40

HEFT 69
Wäschereiforschung Krefeld
Bestimmung des Faserabbaues bei Leinen unter besonderer Berücksichtigung der Leinengarnbleiche
1954, 48 Seiten, 15 Abb., 3 Tabellen, DM 9,60

HEFT 70
Wäschereiforschung Krefeld
Trocknen von Wäschestoffen
1954, 52 Seiten, 18 Abb., 3 Tabellen, DM 10,—

HEFT 71
Prof. Dr.-Ing. K. Leist, Aachen
Kleingasturbinen, insbesondere zum Fahrzeugantrieb
1954, 114 Seiten, 85 Abb., DM 22,—

HEFT 72
Prof. Dr.-Ing. K. Leist, Aachen
Beitrag zur Untersuchung von stehenden geraden Turbinengittern mit Hilfe von Druckverteilungsmessungen
1954, 152 Seiten, 111 Abb., DM 36,20

HEFT 73
Prof. Dr.-Ing. K. Leist, Aachen
Spannungsoptische Untersuchungen von Turbinenschaufelfüßen
1954, 66 Seiten, 46 Abb., 2 Tabellen, DM 14,60

HEFT 74
Max-Planck-Institut für Eisenforschung, Düsseldorf
Versuche zur Klärung des Umwandlungsverhaltens eines sonderkarbidbildenden Chromstahls
1954, 58 Seiten, 10 Abb., DM 14,—

HEFT 75
Max-Planck-Institut für Eisenforschung, Düsseldorf
Zeit-Temperatur-Umwandlungs-Schaubilder als Grundlage der Wärmebehandlung der Stähle
1954, 44 Seiten, 13 Abb., DM 8,70

HEFT 76
Max-Planck-Institut für Arbeitsphysiologie, Dortmund
Arbeitstechnische und arbeitsphysiologische Rationalisierung von Mauersteinen
1954, 52 Seiten, 12 Abb., 3 Tabellen, DM 10,20

HEFT 77
Meteor Apparatebau Paul Schmeck GmbH., Siegen
Entwicklung von Leuchtstoffröhren hoher Leistung
1954, 46 Seiten, 12 Abb., 2 Tabellen, DM 9,15

HEFT 78
Forschungsstelle für Acetylen, Dortmund
Über die Zustandsgleichung des gasförmigen Acetylens und das Gleichgewicht Acetylen — Aceton
1954, 42 Seiten, 3 Abb., 8 Tabellen, DM 8,—

HEFT 79
Techn.-Wissenschaftl. Büro für die Bastfaserindustrie, Bielefeld
Trocknung von Leinengarnen III
Spinnspulen- und Spinnkopftrocknung
Vorgang und Einwirkung auf die Garnqualität
1954, 74 Seiten, 18 Abb., 10 Tabellen, DM 14,—

WESTDEUTSCHER VERLAG · KÖLN UND OPLADEN

HEFT 80
Techn.-Wissenschaftl. Büro für die Bastfaserindustrie, Bielefeld
Die Verarbeitung von Leinengarn auf Webstühlen mit und ohne Oberbau
1954, 30 Seiten, 2 Abb., 2 Tabellen, DM 6,—

HEFT 81
Prüf- und Forschungsinstitut für Ziegeleierzeugnisse, Essen-Kray
Die Einführung des großformatigen Einheits-Gitterziegels im Lande Nordrhein-Westfalen
1954, 54 Seiten, 2 Abb., 2 Tabellen, DM 10,—

HEFT 82
Vereinigte Aluminium-Werke AG., Bonn
Forschungsarbeiten auf dem Gebiet der Veredelung von Aluminium-Oberflächen
1954, 46 Seiten, 34 Abb., DM 9,60

HEFT 83
Prof. Dr. S. Strugger, Münster
Über die Struktur der Proplastiden
1954, 30 Seiten, 15 Abb., DM 8,40

HEFT 84
Dr. H. Baron, Düsseldorf
Über Standardisierung von Wundtextilien
1954, 32 Seiten, DM 6,40

HEFT 85
Textilforschungsanstalt Krefeld
Physikalische Untersuchungen an Fasern, Fäden, Garnen und Geweben:
Untersuchungen am Knickscheuergerät nach Weltzien
1954, 40 Seiten, 11 Abb., 8 Tabellen, DM 10,—

HEFT 86
Prof. Dr.-Ing. H. Opitz, Aachen
Untersuchungen über das Fräsen von Baustahl sowie über den Einfluß des Gefüges auf die Zerspanbarkeit
1954, 108 Seiten, 73 Abb., 7 Tabellen, DM 22,—

HEFT 87
Gemeinschaftsausschuß Verzinken, Düsseldorf
Untersuchungen über Güte von Verzinkungen
1954, 68 Seiten, 56 Abb., 3 Tabellen, DM 15,30

HEFT 88
Gesellschaft für Kohlentechnik mbH., Dortmund-Eving
Oxydation von Steinkohle mit Salpetersäure
1954, 62 Seiten, 2 Abb., 1 Tabelle, DM 11,50

HEFT 89
Verein Deutscher Ingenieure, Gleitlagerforschung, Düsseldorf
und Prof. Dr.-Ing. G. Vogelpohl, Göttingen
Versuche mit Preßstoff-Lagern für Walzwerke
1954, 70 Seiten, 34 Abb., DM 14,10

HEFT 90
Forschungs-Institut der Feuerfest-Industrie, Bonn
Das Verhalten von Silikasteinen im Siemens-Martin-Ofengewölbe
1954, 62 Seiten, 15 Abb., 11 Tabellen, DM 11,90

HEFT 91
Forschungs-Institut der Feuerfest-Industrie, Bonn
Untersuchungen des Zusammenhangs zwischen Leistung und Kohlenverbrauch in Kammeröfen zum Brennen von feuerfesten Materialien
1954, 42 Seiten, 6 Abb., DM 8,30

HEFT 92
Techn.-Wissenschaftl. Büro für die Bastfaserindustrie, Bielefeld
und Laboratorium für textile Meßtechnik, M.-Gladbach
Messungen von Vorgängen am Webstuhl
1954, 76 Seiten, 45 Abb., DM 15,50

HEFT 93
Prof. Dr. W. Kast, Krefeld
Spinnversuche zur Strukturerfassung künstlicher Zellulosefasern
1954, 82 Seiten, 39 Abb., 6 Tabellen, DM 16,—

HEFT 94
Prof. Dr. G. Winter, Bonn
Die Heilpflanzen des MATTHIOLUS (1611) gegen Infektionen der Harnwege und Verunreinigung der Wunden bzw. zur Förderung der Wundheilung im Lichte der Antibiotikaforschung
1954, 58 Seiten, 1 Abb., 2 Tabellen, DM 11,50

HEFT 95
Prof. Dr. G. Winter, Bonn
Untersuchungen über die flüchtigen Antibiotika aus der Kapuziner- (Tropaeolum maius) und Gartenkresse (Lepidium sativum) und ihr Verhalten im menschlichen Körper bei Aufnahme von Kapuziner- bzw. Gartenkressensalat per os
1955, 74 Seiten, 9 Abb., 25 Tabellen, DM 14,—

HEFT 96
Dr.-Ing. P. Koch, Dortmund
Austritt von Exoelektronen aus Metalloberflächen unter Berücksichtigung der Verwendung des Effektes für die Materialprüfung
1954, 34 Seiten, 13 Abb., DM 7,—

HEFT 97
Ing. H. Stein, Laboratorium für textile Meßtechnik, M.-Gladbach
Untersuchung der Verzugsvorgänge an den Streckwerken verschiedener Spinnereimaschinen
2. Bericht: Ermittlung der Haft-Gleiteigenschaften von Faserbändern und Vorgarnen
1955, 98 Seiten, 54 Abb., DM 21,—

HEFT 98
Fachverband Gesenkschmieden, Hagen
Die Arbeitsgenauigkeit beim Gesenkschmieden unter Hämmern
1955, 132 Seiten, 55 Abb., 9 Tabellen, DM 24,75

HEFT 99
Prof. Dr.-Ing. G. Garbotz, Aachen
Der Kraft- und Arbeitsaufwand sowie die Leistungen beim Biegen von Bewehrungsstählen in Abhängigkeit von den Abmessungen, den Formen und der Güte der Stähle (Ermittlung von Leistungsrichtlinien)
1955, 136 Seiten, 53 Abb., 3 Anlagen, 18 Tabellen, DM 30,—

HEFT 100
Prof. Dr.-Ing. H. Opitz, Aachen
Untersuchungen von elektrischen Antrieben, Steuerungen und Regelungen an Werkzeugmaschinen
1955, 166 Seiten, 71 Abb., 3 Tabellen, DM 31,30

HEFT 101
Prof. Dr.-Ing. H. Opitz, Aachen
Wirtschaftlichkeitsbetrachtungen beim Außenrundschleifen
1955, 100 Seiten, 56 Abb., 3 Tabellen, DM 19,30

HEFT 102
Dr. P. Hölemann, Ing. R. Hasselmann und Ing. G. Dix, Dortmund
Untersuchungen über die thermische Zündung von explosiblen Acetylenzersetzungen in Kapillaren
1954, 44 Seiten, 5 Abb., 4 Tabellen, DM 8,60

HEFT 103
Prof. Dr. W. Weizel, Bonn
Durchführung von experimentellen Untersuchungen über den zeitlichen Ablauf von Funken in komprimierten Edelgasen sowie zu deren mathematischen Berechnung
1955, 46 Seiten, 12 Abb., DM 9,10

HEFT 104
Prof. Dr. W. Weizel, Bonn
Über den Einfluß der Elektroden auf die Eigenschaften von Cadmium-Sulfid-Widerstands-Photozellen
1955, 48 Seiten, 12 Abb., DM 9,45

HEFT 105
Dr.-Ing. R. Meldau, Harsewinkel/Westf.
Auswertung von Gekörn — Analysen des Musterstaubes „Flugasche Fortuna I"
1955, 42 Seiten, 14 Abb., DM 8,50

HEFT 106
ORR. Dr.-Ing. W. Küch, Dortmund
Untersuchungen über die Einwirkung von feuchtigkeitsgesättigter Luft auf die Festigkeit von Leimverbindungen
1954, 60 Seiten, 10 Abb., 6 Tabellen, DM 11,40

HEFT 107
Prof. Dr. H. Lange und Dipl.-Phys. P. St. Pütter, Köln
Über die Konstruktion von Laboratoriumsmagneten
1955, 66 Seiten, 19 Abb., 1 Tabelle, DM 12,30

HEFT 108
Prof. Dr. W. Fuchs, Aachen
Untersuchungen über neue Beizmethoden und Beizabwässer
I. Die Entzunderung von Drähten mit Natriumhydrid
II. Die Aufbereitung von Beizabwässern
1955, 82 Seiten, 15 Abb., 14 Tabellen, 1 Falttafel, DM 15,25

HEFT 109
Dr. P. Hölemann und Ing. R. Hasselmann, Dortmund
Untersuchungen über die Löslichkeit von Azetylen in verschiedenen organischen Lösungsmitteln
1954, 42 Seiten, 10 Abb., 8 Tabellen, DM 8,30

HEFT 110
Dr. P. Hölemann und Ing. R. Hasselmann, Dortmund
Untersuchungen über den Druckverlauf bei der explosiblen Zersetzung von gasförmigem Azetylen
1955, 54 Seiten, 10 Abb., 5 Tabellen, DM 11,—

HEFT 111
Fachverband Steinzeugindustrie, Köln
Die Entwicklung eines Gerätes zur Beschickung seitlicher Feuer von Steinzeug-Einzelkammeröfen mit festen Brennstoffen
1955, 46 Seiten, 16 Abb., DM 9,40

HEFT 112
Prof. Dr.-Ing. H. Opitz, Aachen
Verschleißmessungen beim Drehen mit aktivierten Hartmetallwerkzeugen
1954, 44 Seiten, 17 Abb., 6 Tabellen, DM 8,80

HEFT 113
Prof. Dr. O. Graf, Dortmund
Erforschung der geistigen Ermüdung und nervösen Belastung: Studien über die vegetative 24-Stunden-Rhythmik in Ruhe und unter Belastung
1955, 40 Seiten, 12 Abb., DM 8,20

HEFT 114
Prof. Dr. O. Graf, Dortmund
Studien über Fließarbeitsprobleme an einer praxisnahen Experimentieranlage
1954, 34 Seiten, 6 Abb., DM 7,—

HEFT 115
Prof. Dr. O. Graf, Dortmund
Studium über Arbeitspausen in Betrieben bei freier und zeitgebundener Arbeit (Fließarbeit) und ihre Auswirkung auf die Leistungsfähigkeit
1955, 50 Seiten, 13 Abb., 2 Tabellen, DM 9,80

HEFT 116
Prof. Dr.-Ing. E. Siebel und Dr.-Ing. H. Weiss, Stuttgart
Untersuchungen an einigen Problemen des Tiefziehens — I. Teil
1955, 74 Seiten, 50 Abb., 5 Tabellen, DM 14,50

HEFT 117
Dr.-Ing. H. Beißwänger, Stuttgart, und Dr.-Ing. S. Schwandt, Trier
Untersuchungen an einigen Problemen des Tiefziehens — II. Teil
1955, 92 Seiten, 34 Abb., 8 Tabellen, DM 17,70

HEFT 118
Prof. Dr. E. A. Müller und Dr. H. G. Wenzel, Dortmund
Neuartige Klima-Anlage zur Erzeugung ungleicher Luft- und Strahlungstemperaturen in einem Versuchsraum
1955, 68 Seiten, 10 z. T. mehrfarb. Abb., DM 14,—

HEFT 119
Dr.-Ing. O. Viertel, Krefeld
Wäscherei- und energietechnische Untersuchung einer Gemeinschafts-Waschanlage
1955, 50 Seiten, 18 Abb., DM 10,20

HEFT 120
Dipl.-Ing. A. Weisbecker, Lüdenscheid
Über Anfressung an Reinstaluminium-Schweißnähten bei der elektrolytischen Oxydation
Gebr. Hörstermann GmbH., Velbert
Entwicklung und Erprobung eines neuartigen Gummibandförderers
1955, 46 Seiten, 18 Abb., DM 9,70

HEFT 121
Dr. H. Krebs, Bonn
I. Die Struktur und die Eigenschaften der Halbmetalle
II. Die Bestimmung der Atomverteilung in amorphen Substanzen
III. Die chemische Bindung in anorganischen Festkörpern und das Entstehen metallischer Eigenschaften
1955, 124 Seiten, 36 Abb., 13 Tabellen, DM 22,90

HEFT 122
Prof. Dr. W. Fuchs, Aachen
Untersuchungen zur Verbesserung der Wasseraufbereitung und Wasseranalyse:
Über die Schnellbewertung von Ionenaustauscher
1955, 62 Seiten, 32 Abb., DM 12,30

HEFT 123
Dipl.-Ing. J. Emondts, Aachen
Über Bodenverformungen bei stark gestörtem und mächtigem, wasserführendem Deckgebirge im Aachener Steinkohlengebiet
1955, 196 Seiten, 37 Abb., 10 Tabellen, DM 28,80

HEFT 124
Prof. Dr. R. Seyffert, Köln
Wege und Kosten der Distribution der Hausratwaren im Lande Nordrhein-Westfalen
1955, 74 Seiten, 25 Tabellen, DM 9,—

WESTDEUTSCHER VERLAG · KÖLN UND OPLADEN

HEFT 125
Prof. Dr. E. Kappler, Münster
Eine neue Methode zur Bestimmung von Kondensations-Koeffizienten von Wasser
1955, 46 Seiten, 11 Abb., 1 Tabelle, DM 9,10

HEFT 126
Prof. Dr.-Ing. J. Mathieu, Aachen
Arbeitszeitvergleich
Grundlagen, Methodik und praktische Durchführung
1955, 70 Seiten, DM 13,—

HEFT 127
Güteschutz Betonstein e. V.,
Arbeitskreis Nordrhein-Westfalen, Dortmund
Die Betonwaren-Gütesicherung im Lande Nordrhein-Westfalen
1955, 58 Seiten, 15 Abb., 3 Tabellen, DM 11,50

HEFT 128
Prof. Dr. O. Schmitz-DuMont, Bonn
Untersuchungen über Reaktionen in flüssigem Ammoniak
1955, 96 Seiten, 11 Abb., 6 Tabellen, DM 17,75

HEFT 129
Prof. Dr.-Ing. J. Mathieu und Dr. C. A. Roos, Aachen
Die Anlernung von Industriearbeitern
I. Ergebnisse einer grundsätzlichen Untersuchung der gegenwärtigen Industriearbeiter-Kurzanlernung
1955, 106 Seiten, DM 19,70

HEFT 130
Prof. Dr.-Ing. J. Mathieu und Dr. C. A. Roos, Aachen
Die Anlernung von Industriearbeitern
II. Beiträge zur Methodenfrage der Kurzanlernung
1955, 108 Seiten, DM 19,90

HEFT 131
Dr. W. Hoerburger, Köln
Versuche zur Biosynthese von Eiweiß aus Kohlenwasserstoff
1955, 34 Seiten, 2 Abb., DM 6,90

HEFT 132
Prof. Dr. W. Seith, Münster
Über Diffusionserscheinungen in festen Metallen
1955, 42 Seiten, 19 Abb., 4 Tabellen, DM 9,10

HEFT 133
Prof. Dr. E. Jenckel, Aachen
Über einen für Schwermetalle selektiven Ionenaustauscher
1955, 48 Seiten, 8 Abb., 13 Tabellen, DM 9,50

HEFT 134
Prof. Dr.-Ing. H. Winterhager, Aachen
Über die elektrochemischen Grundlagen der Schmelzfluß-Elektrolyse von Bleisulfid in geschmolzenen Mischungen mit Bleichlorid
1955, 54 Seiten, 20 Abb., 5 Tabellen, DM 11,80

HEFT 135
Prof. Dr.-Ing. K. Krekeler und Dr.-Ing. H. Peukert, Aachen
Die Änderung der mechanischen Eigenschaften thermoplastischer Kunststoffe durch Warmrecken
1955, 54 Seiten, 27 Abb., DM 11,10

HEFT 136
Dipl.-Phys. P. Pilz, Remscheid
Über spezielle Probleme der Zerkleinerungstechnik von Weichstoffen
1955, 58 Seiten, 19 Abb., 2 Tabellen, DM 11,50

HEFT 137
Prof. Dr. W. Baumeister, Münster
Beiträge zur Mineralstoffernährung der Pflanzen
1955, 64 Seiten, 6 Tabellen, DM 11,80

HEFT 138
Dr. P. Hölemann und Ing. R. Hasselmann, Dortmund
Untersuchungen über die Zersetzungswärme von gasförmigem und in Azeton gelöstem Azetylen
1955, 54 Seiten, 8 Abb., 7 Tabellen, DM 10,40

HEFT 139
Prof. Dr. W. Fuchs, Aachen
Studien über die thermische Zersetzung der Kohle und die Kohlendestillatprodukte
1955, 64 Seiten, 20 Abb., 22 Tabellen, DM 11,80

HEFT 140
Dr.-Ing. G. Hausberg, Essen
Modellversuche an Zyklonen
1955, 78 Seiten, 24 Abb., DM 15,70

HEFT 141
Dr. J. van Calker und Dr. R. Wienecke, Münster
Untersuchungen über den Einfluß dritter Analysenpartner auf die spektrochemische Analyse
1955, 42 Seiten, 15 Abb., DM 9,10

HEFT 142
Dipl.-Ing. G. M. F. Wiebel, Hannover, A. Konermann und A. Ottenheym, Sennelager
Entwicklung eines Kalksandleichtsteines
1955, 38 Seiten, 4 Abb., DM 8,—

HEFT 143
Prof. Dr. F. Wever, Dr. A. Rose und Dipl.-Ing. W. Straßburg, Düsseldorf
Härtbarkeit und Umwandlungsverhalten der Stähle
1955, 50 Seiten, 12 Abb., 3 Tabellen, DM 10,70

HEFT 144
Prof. Dr. H. Wurmbach, Bonn
Steuerung von Wachstum und Formbildung
1955, 48 Seiten, 19 Abb., DM 10,30

HEFT 145
Dr. G. Hennemann, Werdohl (Westf.)
Beitrag zur Interpretation der modernen Atomphysik
1955, 34 Seiten, DM 10,—

HEFT 146
Dr.-Ing. F. Gruß, Düsseldorf
Sterilisation mit Heißluft
1955, 34 Seiten, 10 Abb., DM 7,70

HEFT 147
Dr.-Ing. W. Rudisch, Unna
Untersuchung einer drehelastischen Elektromagnet-Synchronkupplung
1955, 82 Seiten, 65 Abb., DM 17,70

HEFT 148
Prof. Dr. H. Bittel u. Dipl.-Phys. L. Storm, Münster
Untersuchungen über Widerstandsrauschen
1955, 40 Seiten, 5 Abb., DM 8,40

HEFT 149
Dipl.-Ing. K. Konopicky und Dipl.-Chem. P. Kampa, Bonn
I. Beitrag zur flammenphotometrischen Bestimmung des Calciums.
Dr.-Ing. K. Konopicky, Bonn
II. Die Wanderung von Schlackenbestandteilen in feuerfesten Baustoffen
1955, 54 Seiten, 10 Abb., 5 Tabellen, DM 11,—

HEFT 150
Prof. Dr.-Ing. O. Kienzle und Dipl.-Ing. W. Timmerbeil, Hannover
Das Durchziehen enger Kragen an ebenen Fein- und Mittelblechen
1955, 52 Seiten, 20 Abb., 8 Tabellen, DM 11,30

HEFT 151
Dipl.-Ing. P. Karabasch, Aachen
Feststellung des optimalen Gasgehaltes von Bronzen zur Erzielung druckdichter Gußstücke
1956, 64 Seiten, 31 Abb., 5 Tabellen, DM 13,90

HEFT 152
Dipl.-Ing. G. Müller, Köln
Ermittlung der Laufeigenschaften (Vergießbarkeit) von Bronze und Rotguß mittels der Schneider-Gießspirale
1955, 60 Seiten, 33 Abb., DM 13,30

HEFT 153
Prof. Dr. F. Wever, Dr.-Ing. W. A. Fischer und Dipl.-Ing. J. Engelbrecht, Düsseldorf
I. Die Reduktion sauerstoffhaltiger Eisenschmelzen im Hochvakuum mit Wasserstoff und Kohlenstoff
II. Einfluß geringer Sauerstoffgehalte auf das Gefüge und Alterungsverhalten von Reineisen
1955, 54 Seiten, 15 Abb., 2 Tabellen, DM 12,40

HEFT 154
Prof. Dr.-Ing. P. Bardenheuer und Dr.-Ing. W. A. Fischer, Düsseldorf
Die Verschlackung von Titan aus Stahlschmelzen im sauren und basischen Hochfrequenzofen unter verschiedenen Schlacken
1955, 36 Seiten, 10 Abb., 1 Tabelle, DM 7,95

HEFT 155
Dipl.-Phys. K. H. Schirmer, München
Die auf Grau abgestimmte Farbwiedergabe im Dreifarbenbuchdruck
1955, 46 Seiten, 17 Abb., 2 Farbtafeln, DM 10,—

HEFT 156
Prof. Dr.-Ing. B. von Borries und Mitarbeiter, Düsseldorf
Die Entwicklung regelbarer permanentmagnetischer Elektronenlinsen hoher Brechkraft und eines mit ihnen ausgerüsteten Elektronenmikroskopes neuer Bauart
1956, 102 Seiten, 52 Abb., DM 22,55

HEFT 157
Dr. W. Jawtusch, Dr. G. Schuster und Prof. Dr.-Ing. R. Jaeckel, Bonn
Untersuchungen über die Stoßvorgänge zwischen neutralen Atomen und Molekülen
1955, 48 Seiten, 15 Abb., 3 Tabellen, DM 10,50

HEFT 158
Dipl.-Ing. W. Rosenkranz, Meinerzhagen
Ein Beitrag zum Problem der Spannungskorrosion bei Preßprofilen und Preßteilen aus Aluminium-Legierungen
1956, 112 Seiten, 61 Abb., 5 Tabellen, DM 27,40

HEFT 159
Dr.-Ing. O. Viertel und O. Oldenroth, Krefeld
Das Bleichen von Weißwäsche mit Wasserstoffsuperoxyd bzw. Natriumhypochlorit beim maschinellen Waschen
1955, 54 Seiten, 23 Abb., 2 Tabellen, DM 11,45

HEFT 160
Prof. Dr. W. Klemm, Münster
Über neue Sauerstoff- und Fluor-haltige Komplexe
1955, 50 Seiten, 13 Abb., 7 Tabellen, DM 10,80

HEFT 161
Prof. Dr. W. Weltzien und Dr. G. Hauschild, Krefeld
Über Silikone und ihre Anwendung in der Textilveredlung
1955, 162 Seiten, 22 Abb., 10 Tabellen, DM 27,—

HEFT 162
Prof. Dr. F. Wever, Prof. Dr. A. Kochendörfer und Dr.-Ing. Chr. Rohrbach, Düsseldorf
Kennzeichnung der Sprödbruchneigung von Stählen durch Messung der Fließspannung, Reißspannung und Brucheinschnürung an dreiachsig beanspruchten Proben
1955, 58 Seiten, 26 Abb., DM 13,—

HEFT 163
Dipl.-Ing. W. Rohs und Text.-Ing. H. Griese, Bielefeld
Untersuchungsarbeiten zur Verbesserung des Leinenwebstuhls III
1955, 80 Seiten, 15 Abb., 18 Tabellen, DM 15,80

HEFT 164
Dr.-Ing. H. Schmachtenberg, Köln
Neuartige Prüfeinrichtungen für Kraftfahrzeuge
1955, 44 Seiten, 23 Abb., DM 9,60

HEFT 165
Dr.-Ing. W. Wilhelm, Aachen
Instationäre Gasströmung im Auspuffsystem eines Zweitaktmotors
1955, 62 Seiten, 31 Abb., 8 Tabellen, DM 13,60

HEFT 166
Prof. Dr. M. v. Stackelberg, Dr. H. Heindze, Dr. H. Hübschke und Dr. K. H. Frangen, Bonn
Kolloidchemische Untersuchungen
1955, 106 Seiten, 8 Abb., 13 Tabellen, DM 21,25

HEFT 167
Prof. Dr.-Ing. F. Schuster, Essen
I. Über die Heißkarburierung von Brenngasen mit Ölen und Teeren
II. Die Strahlungsvorgänge in brennstoffbeheizten Öfen bei verschiedenen Verbrennungsatmosphären
1955, 38 Seiten, 8 Abb., DM 8,30

HEFT 168
Prof. Dr.-Ing. F. Schuster, Essen
I. Luftvorwärmung an Gasfeuerungen
II. Heizwerthöhe von Brenngasen und Wirkungsgrad sowie Gasverbrauch bei der Gasverwendung
III. Sauerstoffangereicherte Luft und feuerungstechnische Kenngrößen von Brenngasen
1955, 60 Seiten, 18 Abb., DM 12,50

HEFT 169
Forschungsinstitut für Pigmente und Lacke, Stuttgart
Arbeiten über die Bestimmung des Gebrauchswertes von Lackfilmen durch physikalische Prüfungen
1955, 70 Seiten, 23 Abb., 4 Tabellen, DM 15,—

HEFT 170
Prof. Dr. F. Wever, Dr. A. Rose und Dipl.-Ing. L. Rademacher, Düsseldorf
Anwendung der Umwandlungsschaubilder auf Fragen der Werkstoffauswahl beim Schweißen und Flammhärten
1955, 64 Seiten, 25 Abb., DM 13,70

WESTDEUTSCHER VERLAG · KÖLN UND OPLADEN

HEFT 171
Wäschereiforschung Krefeld
Untersuchung der Wäscheentwässerung mit Hilfe von Zentrifugen und Pressen
1955, 42 Seiten, 16 Abb., 4 Tabellen, DM 9,70

HEFT 172
Dipl.-Ing. W. Rohs, Dr.-Ing. G. Satlow und Text.-Ing. G. Heller, Bielefeld
Trocknung von Hanfgarnen. Kreuzspultrocknung
1955, 60 Seiten, 7 Abb., 4 Tabellen, DM 10,30

HEFT 173
Prof. Dr. R. Hosemann und Dipl.-Phys. G. Schoknecht, Berlin, vorgelegt von Prof. Dr. W. Kast, Krefeld
Lichtoptische Herstellung und Diskussion der Faltungsquadrate parakristalliner Gitter
1956, 108 Seiten, 63 Abb., 6 Tabellen, DM 24,70

HEFT 174
Prof. Dr. W. von Fragstein, Dr. J. Meingast und H. Hoch, Köln
Herstellung von Solen einheitlicher Teilchengröße und Ermittlung ihrer optischen Eigenschaften
1955, 78 Seiten, 80 Abb., 4 Tabellen, DM 18,25

HEFT 175
Dr.-Ing. H. Zeller, Aachen
Beitrag zur eindimensionalen stationären und nichtstationären Gasströmung mit Reibung und Wärmeleitung insbesondere in Rohren mit unstetigen Querschnittsänderungen
1956, 138 Seiten, 56 Abb., DM 29,30

HEFT 176
Dipl.-Ing. H. Schöberl, Duisburg
Über die Methoden zur Ermittlung der Verbrennungstemperatur von Brennstoffen und ein Vorschlag zu ihrer Verbesserung
1955, 30 Seiten, 3 Abb., DM 6,50

HEFT 177
Dipl.-Ing. H. Stüdemann, Solingen, und Dr.-Ing. W. Müchler, Essen
Entwicklung eines Verfahrens zur zahlenmäßigen Bestimmung der Schneideigenschaften von Messerklingen
1956, 104 Seiten, 68 Abb., 4 Tabellen, DM 22,20

HEFT 178
Prof. Dr. M. von Stackelberg u. Dr. W. Hans, Bonn
Untersuchungen zur Ausarbeitung und Verbesserung von polarographischen Analysenmethoden
1955, 46 Seiten, 14 Abb., DM 10,50

HEFT 179
Dipl.-Ing. H. F. Reineke, Bochum
Entwicklungsarbeiten auf dem Gebiete der Meß- und Regeltechnik
1955, 46 Seiten, 10 Abb., DM 10,—

HEFT 180
Dr.-Ing. W. Piepenburg, Dipl.-Ing. B. Bühling und Bauing. J. Behnke, Köln
Putzarbeiten im Hochbau und Versuche mit aktiviertem Mörtel und mechanischem Mörtelauftrag
1955, 116 Seiten, 31 Abb., 68 Tabellen, DM 23,—

HEFT 181
Prof. Dr. W. Franz, Münster
Theorie der elektrischen Leitvorgänge in Halbleitern und isolierenden Festkörpern bei hohen elektrischen Feldern
1955, 28 Seiten, 2 Abb., 1 Tabelle, DM 6,20

HEFT 182
Dr.-Ing. P. Schenk u. Dr. K. Osterloh, Düsseldorf
Katalytisch-thermische Spaltung von gasförmigen und flüssigen Kohlenwasserstoffen zur Spitzengaserzeugung
1955, 50 Seiten, 11 Abb., 11 Tabellen, DM 10,90

HEFT 183
Dr. W. Bornheim, Köln
Entwicklungsarbeiten an Flaschen- und Ampullen-Behandlungsmaschinen für die pharmazeutische Industrie
1956, 48 Seiten, 24 Abb., DM 11,70

HEFT 184
Dr.-Ing. E. Printz, Kettwig
Vollhydraulische Parallel-Kupplung für Ackerschlepper
1955, 32 Seiten, 4 Abb., DM 7,80

HEFT 185
Dipl.-Ing. W. Rohs und Text.-Ing. G. Heller, Bielefeld
Studien an einem neuzeitlichen Kreuzspultrockner für Bastfasergarne mit Wiederbefeuchtungszone
1955, 52 Seiten, 9 Abb., 3 Tabellen, DM 10,70

HEFT 186
Dr. E. Wedekind, Krefeld
Untersuchungen zur Arbeitsbestgestaltung bei der Fertigstellung von Oberhemden in gewerblichen Wäschereien
1955, 124 Seiten, 28 Abb., 6 Tabellen, 2 Falttaf., DM 12,—

HEFT 187
Dipl.-Ing. F. Göttgens, Essen
Über die Eigenarten der Bimetall-, Thermo- und Flammenionisationssicherungsmethode in ihrer Anwendung auf Zündsicherungen
1955, 40 Seiten, 6 Abb., 4 Tabellen, DM 8,40

HEFT 188
W. Kinnebrock, Langenberg (Rhld.)
Der Einfluß des Austausches gleicher Gaskochbrenner bzw. Gaskochbrennerteile auf den Wirkungsgrad und insbesondere auf den CO-Gehalt der Verbrennungsgase
1955, 42 Seiten, 7 Tabellen, DM 8,70

HEFT 189
Fa. E. Leybold's Nachfolger, Köln
I. Ausgewählte Kapitel aus der Vakuumtechnik
II. Zum Verlust anorganisch-nichtflüchtiger Substanzen während der Gefriertrocknung
1955, 52 Seiten, 16 Abb., 3 Tabellen, DM 11,20

HEFT 190
Prof. Dr. A. Neuhaus, Prof. Dr. O. Schmitz-DuMont und Dipl.-Chem. H. Reckhard, Bonn
Zur Kenntnis der Alkalititanate
1955, 60 Seiten, 13 Abb., 1 Tabelle, DM 12,20

HEFT 191
Dr. H. Söhngen, Darmstadt
Schwingungsverhalten eines Schaufelkranzes im Vakuum
1955, 36 Seiten, 7 Abb., DM 7,80

HEFT 192
Dipl.-Phys. E. M. Schneider, München
Kohlebogenlampen für Aufnahme und Kopie
1955, 48 Seiten, 21 Abb., 3 Tabellen, DM 10,60

HEFT 193
Prof. Dr. O. Schmitz-DuMont, Bonn
Untersuchungen über neue Pigmentfarbstoffe
1956, 50 Seiten, 16 Abb., 8 Tabellen, DM 11,20

HEFT 194
Dr. K. Hecht, Köln
Entwicklung neuartiger physikalischer Unterrichtsgeräte
1955, 42 Seiten, 16 Abb., DM 9,90

HEFT 195
Dr.-Ing. E. Rößger, Köln
Gedanken über einen neuen deutschen Luftverkehr
1955, 342 Seiten, 29 Abb., 122 Tabellen, DM 50,—

HEFT 196
Dipl.-Ing. W. Rohs, und Text.-Ing. H. Griese, Bielefeld
Auswirkungen von Garnfehlern bei der Verarbeitung von Leinengarnen
1955, 36 Seiten, 3 Abb., 6 Tabellen, DM 7,80

HEFT 197
Dr. E. Wedekind, Krefeld
Untersuchungen zur Bestimmung der optimalen Arbeitsplatzgröße bei Mehrstuhlarbeit in der Weberei
1955, 92 Seiten, 34 Abb., DM 18,50

HEFT 198
Prof. Dr. J. Weissinger, Karlsruhe
Zur Aerodynamik des Ringflügels. Die Druckverteilung dünner, fast drehsymmetrischer Flügel in Unterschallströmung
1955, 42 Seiten, 5 Abb., DM 9,—

HEFT 199
Textilforschungsanstalt Krefeld
Die Messung von Gewebetemperaturen mittels Temperaturstrahlung
1955, 50 Seiten, 12 Abb., DM 10,90

HEFT 200
R. Seipenbusch, Langenberg (Rhld.)
Spitzengas durch Zusatz von Flüssiggas-Wassergas- und Flüssiggas-Generatorgas-Gemischen zu Stadtgas
1955, 48 Seiten, 21 Tabellen, DM 10,35

HEFT 201
Dr.-Ing. E. W. Pleines, Frankfurt/Main
Die Sicherheit im Luftverkehr
1956, 194 Seiten, 39 Abb., 19 Tabellen, DM 39,45

HEFT 202
Dipl.-Ing. D. Fiecke, Stuttgart/Zuffenhausen
Die Bestimmung der Flugzeugpolaren für Entwurfszwecke. I. Teil: Unterlagen
in Vorbereitung

HEFT 203
Dr. G. Wandel, Bonn
Uferbewachung und Lebendverbauung an den Nordwestdeutschen Kanälen und ihren Zuflüssen sowie an der Ruhr
in Vorbereitung

HEFT 204
Dipl.-Ing. B. Naendorf, Langenberg (Rhld.)
Bestimmung der Brenneigenschaften und des Brennverhaltens verschiedener Gasarten und Einfluß verschiedener Düsengestaltung
1955, 32 Seiten, DM 7,10

HEFT 205
Dr. C. Schaarwächter, Düsseldorf
Über plastische Kupfer-Eisen-Phosphor-Legierungen
1956, 36 Seiten, 10 Abb., 10 Tabellen, DM 8,30

HEFT 206
Dr. P. Hölemann, Ing. R. Hasselmann und Ing. G. Dix, Dortmund
Untersuchungen über die Vorgänge bei der Zersetzung von in Azeton gelöstem Azetylen
1956, 74 Seiten, 7 Abb., 7 Tabellen, DM 15,55

HEFT 207
Prof. Dr.-Ing. H. Opitz, Dipl.-Ing. K. H. Fröhlich und Dipl.-Ing. H. Siebel, Aachen
Richtwerte für das Fräsen von unlegierten und legierten Baustählen mit Hartmetall. I. Teil
in Vorbereitung

HEFT 208
Prof. Dr.-Ing. H. Müller, Essen
Untersuchung von Elektrowärmegeräten für Laienbedienung hinsichtlich Sicherheit und Gebrauchsfähigkeit. I. Untersuchungen an Kochplatten
in Vorbereitung

HEFT 209
Dr. K. Bunge, Leverkusen
Materialabbau in Funkenentladungen. Untersuchungen an Zinkkathoden
1956, 54 Seiten, 10 Abb., 5 Tabellen, DM 11,40

HEFT 210
Dr. W. Porschen und Prof. Dr. W. Riezler, Bonn
Langlebige Alphaaktivitäten bei natürlichen Elementen
1955, 40 Seiten, 5 Abb., 4 Tabellen, DM 8,80

HEFT 211
Prof. Dipl.-Ing. W. Sturtzel und Dr.-Ing. W. Graff, Duisburg
Die Versuchsanstalt für Binnenschiffbau, Duisburg
1956, 48 Seiten, 22 Abb., DM 11,—

HEFT 212
Dipl.-Ing. H. Spodig, Selm
Untersuchung zur Anwendung der Dauermagnete in der Technik
1955, 44 Seiten, 25 Abb., DM 9,80

HEFT 213
Dipl.-Ing. K. F. Rittinghaus, Aachen
Zusammenstellung eines Meßwagens für Bau- und Raumakustik
in Vorbereitung

HEFT 214
Dr.-Ing. J. Endres, München
Berechnung der optimalen Leistungen, Kraftstoffverbräuche und Wirkungsgrade von Einkreis-Turbolader-Strahltriebwerken am Boden und in der Höhe bei Fluggeschwindigkeiten von 0–2000 km/h
1956, 72 Seiten, 18 Abb., 8 Tabellen, DM 15,40

HEFT 215
Prof. Dr.-Ing. H. Opitz und Dipl.-Ing. G. Weber, Aachen
Einfluß der Wärmebehandlung von Baustählen auf Spanentstehung, Schnittkraft- und Standzeitverhalten
in Vorbereitung

HEFT 216
Dr. E. Kloth, Köln
Untersuchungen über die Ausbreitung kurzer Schallimpulse bei der Materialprüfung mit Ultraschall
1956, 90 Seiten, 60 Abb., 4 Tabellen, DM 19,40

HEFT 217
Rationalisierungskuratorium der Deutschen Wirtschaft (RKW), Frankfurt/Main
Typenvielzahl bei Haushaltgeräten und Möglichkeiten einer Beschränkung
1956, 328 Seiten, 2 Abb., 181 Tabellen, DM 49,50

HEFT 218
Dr. F. Keune, Aachen
Bericht über eine Theorie der Strömung um Rotationskörper ohne Anstellung bei Machzahl Eins
1955, 40 Seiten, 8 Abb., 5 Formelblätter, DM 8,80

HEFT 219
Prof. Dr. W. Fuchs, Aachen
Untersuchungen zur Holzabfallverwertung und zur Chemie des Lignins
1955, 54 Seiten, 11 Abb., 15 Tabellen, DM 11,40

WESTDEUTSCHER VERLAG · KÖLN UND OPLADEN

HEFT 220
Prof. Dr. W. Fuchs, Aachen
Die Entwicklung neuer Regel- und Kontroll-Apparate zur coulometrischen Analyse
1956, 76 Seiten, 17 Abb., 23 Tabellen, DM 15,50

HEFT 221
Dr. W. Meyer-Eppler, Bonn
Experimentelle Untersuchungen zum Mechanismus von Stimme und Gehör in der lautsprachlichen Kommunikation
1955, 56 Seiten, 24 Abb., DM 13,45

HEFT 222
Dr. L. Köllner, Münster, und Dipl.-Volkswirt M. Kaiser, Bochum
Die internationale Wettbewerbsfähigkeit der westdeutschen Wollindustrie
1956, 214 Seiten, DM 39,50

HEFT 223
Dr.-Ing. K. Alberti und Dr. F. Schwarz, Köln
Über das Problem Hartbrand - Weichbrand
1956, 54 Seiten, 25 Abb., 14 Tabellen, DM 12,10

HEFT 224
Dipl.-Ing. H. Stüdeman und Ing. R. Beu, Solingen
Verfahren zur Prüfung der Korrosionsbeständigkeit von Messerklingen aus rostfreiem Stahl
1956, 82 Seiten, 28 Abb., DM 16,90

HEFT 225
Dr.-Ing. E. Barz, Remscheid
Der Spannungszustand von Gattersägeblättern
in Vorbereitung

HEFT 226
Technisch-wissenschaftliches Büro für die Bastfaserindustrie, Bielefeld
Untersuchungen zur Verbesserung des Leinenwebstuhles IV
Die Wirkung verschiedener Kettbaumbremsen auf die Verwebung von Leinengarnen
1956, 64 Seiten, 9 Abb., 4 Tabellen, DM 13,50

HEFT 227
Prof. Dr. F. Wever, Düsseldorf und Dr. W. Wepner, Köln
Untersuchung der Alterungsneigung von weichen unlegierten Stählen durch Härteprüfung bei Temperaturen bis 300 Grad C
1956, 34 Seiten, 20 Abb., 3 Tabellen, DM 7,95

HEFT 228
Prof. Dr. F. Wever, Dr. W. Koch, Düsseldorf und Dr. B. A. Steinkopf, Dortmund
Spektrochemische Grundlagen der Analyse von Gemischen aus Kohlenmonoxyd, Wasserstoff und Stickstoff
in Vorbereitung

HEFT 229
Prof. Dr. F. Wever, Dr. W. Koch und Dr.-Ing. H. Malissa, Düsseldorf
Über die Anwendung disubstituierter Dithiocarbamate der analytischen Chemie
1956, 44 Seiten, 30 Abb., 5 Tabellen, DM 10,50

HEFT 230
Prof. Dr. F. Wever, Düsseldorf und Dr. W. Wepner, Köln
Bestimmung kleiner Kohlenstoffgehalte im Alpha-Eisen durch Dämpfungsmessung
1956, 34 Seiten, 5 Abb., 2 Tabellen, DM 7,70

HEFT 231
Dr.-Ing. W. Küch, Dortmund
Über die Wechselwirkung zwischen Holzschutzbehandlung und Verleimung
1956, 48 Seiten, 10 Abb., 8 Tabellen, DM 10,40

HEFT 232
Prof. Dr.-Ing. O. Kienzle, Hannover und Dr.-Ing. H. Münnich, Schweinfurt
Feststellung der Spannungen und Dehnungen und Bruchdrehzahlen der unter Fliehkraft und Bearbeitungskraft beanspruchten Schleifkörper
in Vorbereitung

HEFT 233
Dr. H. Haase, Hamburg
Infrarot-Bibliographie
1956, 90 Seiten, DM 17,80

HEFT 234
Dr.-Ing. K. G. Speith und Dr.-Ing. A. Bungeroth, Duisburg
Versuche zur Steigerung des Kokillen-Schluckvermögens beim Stranggießen von Stahl
1956, 26 Seiten, 5 Abb., DM 6,15

HEFT 235
Prof. Dr.-Ing. K. Leist und Dipl.-Ing. W. Dettmering, Aachen
Turbinenschaufeln aus Kunststoff für Kaltluftversuchsanlagen
1956, 46 Seiten, 43 Abb., 3 Tabellen, DM 12,30

HEFT 236
Dr.-Ing. O. Viertel und S. Lucas, Krefeld
Ergebnisse einer Hausfrauenbefragung über Wascheinrichtungen und Waschmethoden in städtischen Haushaltungen
1956, 34 Seiten, 4 Abb., DM 7,60

HEFT 237
Dr. P. Endler und Dr. H. Ludes, Köln
Bericht über eine Studienreise zur Orientierung der heutigen Behandlung der Lungentuberkulose in den Vereinigten Staaten von Nordamerika
1956, 32 Seiten, DM 7,10

HEFT 238
Institut für textile Meßtechnik, M.-Gladbach, e. V.
Untersuchung der Verzugsvorgänge an den Streckwerken verschiedener Spinnereimaschinen. 3. Bericht: Theoretische Betrachtungen über den Einfluß schlagender Zylinder und Druckrollen
in Vorbereitung

HEFT 239
Prof. Dr.-Ing. K. Leist und Dipl.-Ing. H. Scheele, Aachen und Dipl.-Ing. F. H. Flottmann, Herne
Versuche an einem neuartigen luftgekühlten Hochleistungs-Kolbenkompressor
in Vorbereitung

HEFT 240
Prof. Dr.-Ing. K. Leist und Dipl.-Ing. H. Scheele, Aachen
Temperaturmessungen an einem einstufigen luftgekühlten 4-Zylinder-Kolbenkompressor mit Kühlgebläse
in Vorbereitung

HEFT 241
Prof. Dr.-Ing. K. Leist und Dipl.-Ing. M. Pötke, Aachen
Leistungsversuche an einem Kühlluftgebläse
in Vorbereitung

HEFT 242
Prof. Dr.-Ing. K. Leist und Dipl.-Ing. K. Graf, Aachen
Straßenfahrzeuge mit Gasturbinenantrieb
in Vorbereitung

HEFT 243
Prof. Dr.-Ing. K. Leist und Dipl.-Ing. S. Förster, Aachen
Die französische Kleingasturbine Artouste —
1. Teil
in Vorbereitung

HEFT 244
Prof. Dr. F. Wever, W. Koch und Dr. S. Eckhard, Düss...
Erfahrungen mit d... pektrochemischen Analyse von Gefügebestandte... des Stahles
1956, 32 Seiten ... bb., 2 Tabellen, DM 7,80

HEFT 245
Prof. Dr.-Ing. K. K...er, Aachen
Das Verbinden vo... tallen durch Kunstharzkleber. Teil I: Eige... ften und Verwendung der Metallklebstoffe
1... 8 Seiten, 8 Abb., DM 10,25

HEFT 246
Prof. Dr.-Ing. K. K... er, Aachen
Das Verbinden vo... tallen durch Kunstharzkleber. Teil II: ... rsuchungen an geklebten Leichtmetall-Verbind... n
in Vorbereitung

HEFT 247
Dr. H. Söhngen, Darmstadt
Strömung vor einem Überschall-Laufrad
1956, 26 Seiten, 4 Abb., DM 7,60

HEFT 248
Rheinische Aktiengesellschaft für Braunkohlenbergbau und Brikettfabrikation, Köln
Untersuchungen der Bindemitteleigenschaften von Braunkohlenfilteraschen
in Vorbereitung

HEFT 249
Dr. M.-E. Meffert, Essen
Weitere Kulturversuche Scenedesmus obliquus
1956, 36 Seiten, 5 Abb., 10 Tabellen, DM 8,—

HEFT 250
Dr. F. Schwarz und Dr.-Ing. K. Alberti, Köln
Entwicklung von Untersuchungsverfahren zur Gütebeurteilung von Industriekalken
in Vorbereitung

HEFT 251
Prof. Dr. H. Bittel, Münster
Zur Statistik der ferromagnetischen Elementarvorgänge und ihren Einfluß auf das Barkhausenrauschen
in Vorbereitung

HEFT 252
Dipl.-Ing. H. Frings, Geilenkirchen
Die Wirkung abfallender Wetterführung auf Wettertemperatur, Grubengasgehalt und Staubbildung
in Vorbereitung

HEFT 253
Dipl.-Ing. S. Schirmanski, Berghausen
Stand und Auswertung der Forschungsarbeiten über Temperatur- und Feuchtigkeitsgrenzen bei der bergmännischen Arbeit
in Vorbereitung

HEFT 254
Prof. Dr. R. Danneel, Bonn
Quantitative Untersuchungen über die Entwicklung des Ehrlich-Ascitesturmos bei Inzuchtmäusen
in Vorbereitung

HEFT 255
Ing. B. v. Schlippe, Bad Nauheim
Strömung von Flüssigkeiten mit temperaturabhängiger Zähigkeit (Kühlung von Ölen)
1956, 54 Seiten, 12 Abb., 4 Tabellen, DM 11,70

HEFT 256
Prof. Dr. C. Schmieden und Dipl.-Math. K. H. Müller, Darmstadt
Die Strömung einer Quellstrecke im Halbraum — eine strenge Lösung der Navier-Stokes-Gleichungen
1956, 40 Seiten, 9 Abb., DM 8,80

HEFT 257
Prof. Dr. G. Lehmann und Dr. J. Tamm, Dortmund
Die Beeinflussung vegetativer Funktionen des Menschen durch Geräusche
in Vorbereitung

HEFT 258
Dr. H. Paul, Linz (Rhein) und Prof. Dr. O. Graf, Dortmund
Zur Frage der Unfälle im Bergbau
1956, 52 Seiten, 9 Abb., 22 Tabellen, DM 11,20

HEFT 259
Prof. Dr. W. Linke, Aachen
Strömungsvorgänge in künstlich belüfteten Räumen
1956, 52 Seiten, 37 Abb., 1 Tabelle, DM 11,80

HEFT 260
Prof. Dr. W. Kast, Freiburg (Br.), Prof. Dr. A. H. Stuart und Dipl.-Phys. H. G. Fendler, Hannover
Lichtzerstreuungsmessungen an Lösungen hochpolymerer Stoffe
in Vorbereitung

HEFT 261
Prof. Dr. W. Kast, Freiburg (Br.)
Feinstruktur-Untersuchungen an künstlichen Zellulosefasern verschiedener Herstellungsverfahren. Teil II: Der Kristallisationszustand
in Vorbereitung

HEFT 262
Dr.-Ing. W. Batel, Aachen
Untersuchungen zur Absiebung feuchter, feinkörniger Haufwerke und Schwingsieben
in Vorbereitung

HEFT 263
Prof. Dr. H. Lange und Dipl.-Phys. R. Kohlhaas, Köln
Über die Wärmeleitfähigkeit von Stählen bei hohen Temperaturen: Teil I: Literaturbericht
in Vorbereitung

HEFT 264
Prof. Dr. W. Weizel, Bonn
Durch schnelle Funkenzusammenbrüche ausgelöste Signale auf einer Leitung
1956, 26 Seiten, 4 Abb., 3 Tabellen, DM 6,10

HEFT 265
Prof. Dr. F. Micheel und Dr. R. Engel, Münster
Eine Apparatur zur elektrophoretischen Trennung von Stoffgemischen
in Vorbereitung

HEFT 266
Fliesen-Beratungsstelle Bad Godesberg-Mehlem
Güteeigenschaften keramischer Wand- und Bodenfliesen und deren Prüfmethoden
1956, 32 Seiten, DM 7,10

HEFT 267
Prof. Dr. W. Weizel und B. Brandt, Bonn
Zur Stabilität stromstarker Glimmentladungen
1956, 36 Seiten, 7 Abb., DM 8,40

HEFT 268
Prof. Dr.-Ing. G. Vogelpohl, Göttingen
Über die Tragfähigkeit von Gleitlagern und ihre Berechnung
in Vorbereitung

WESTDEUTSCHER VERLAG · KÖLN UND OPLADEN

HEFT 269
Markscheider R. Bals, Bochum
Eignung des Gebirgsankerausbaus zur Erleichterung des Streckenvortriebs im Steinkohlenbergbau
in Vorbereitung

HEFT 270
Dr. H. Krebs und Mitarbeiter, Bonn
Die Trennung von Racematen auf chromatographischem Wege
in Vorbereitung

HEFT 271
Prof. Dr.-Ing. H. Opitz und Dipl.-Ing. H. Axer, Aachen
Beeinflussung des Verschleißverhaltens bei spanenden Werkzeugen durch flüssige und gasförmige Kühlmittel und elektrische Maßnahmen
in Vorbereitung

HEFT 272
Prof. Dr. W. Fuchs und Dr. H. Dresia, Aachen
Untersuchungen über die Schnellverbrennung und Schnellvergasung fester Brennstoffe
in Vorbereitung

HEFT 273
Fa. K. W. Tacke G.m.b.H., Wuppertal-Barmen
Erfahrungen beim Verspinnen von Perlonfasern und bei der Herstellung von Trikotagen aus gesponnenem Perlon
in Vorbereitung

HEFT 274
Prof. Dr.-Ing. K. Krekeler und Dipl.-Ing. H. Verhoeven, Aachen
Qualitative Untersuchungen bei Verbindungsschweißungen mittels Lichtbogenschweißautomaten unter Verwendung von Blankdraht und Zugabe von ferromagnetischem Pulver als Umhüllung
in Vorbereitung

HEFT 275
Prof. Dr.-Ing. K. Krekeler und Dipl.-Ing. H. Verhoeven, Aachen
Qualitative Untersuchungen von Punktschweißverbindungen an Tiefzieh- und Aluminiumblechen, die nach dem Argonarc-Punktschweißverfahren hergestellt werden
in Vorbereitung

HEFT 276
Fa. E. Haage, Mülheim (Ruhr)
Entwicklungsarbeiten im Apparatebau für Laboratorien
in Vorbereitung

HEFT 277
Dr.-Ing. W. Müchler, Essen
Untersuchung und zahlenmäßige Bestimmung der Schneideigenschaften von Messern mit besonderer Berücksichtigung rostfreier Messerstahl
in Vorbereitung

HEFT 278
Dipl.-Ing. J. Stelter und Dipl.-Ing. H. Kickert, Aachen
I. Sichtbarmachung von Ultraschallfeldern unter Verwendung photographischer Emulsionsschichten
II. Methode zur Bestimmung der wirklichen Temperaturverhältnisse in Flüssigkeiten während der Beschallung (Nach einer Diplom-Arbeit von H. Schnitzler)
in Vorbereitung

HEFT 279
Dr. F. Keune, Aachen
Der gewölbte und verwundene Tragflügel ohne Dicke in Schallnähe
in Vorbereitung

HEFT 280
Dipl.-Ing. J. Stelter und Dipl.-Ing. E. Pfende, Aachen
Über Störerscheinungen bei Schallgeschwindigkeitsmessungen mittels der Interferometermethode
in Vorbereitung

HEFT 281
Prof. Dr.-Ing. K. Lürenbaum, Aachen
Der Meßwagen des Instituts für Maschinen-Dynamik der Deutschen Versuchsanstalt für Luftfahrt, Aachen
in Vorbereitung

HEFT 282
Bergrat a. D. Scherer, Bochum
Das B.T.-Schwelverfahren und seine Anwendung auf der Anlage Marienau
in Vorbereitung

HEFT 283
Prof. Dr. F. Wever und Dr.-Ing. W. Lueg, Düsseldorf
Warmstauchversuche zur Ermittlung der Formänderungsfestigkeit von Gesenkschmiede-Stählen
in Vorbereitung

HEFT 284
Prof. Dr. F. Wever, Düsseldorf, Dr.-Ing. H. J. Wiester, Essen, Dr.-Ing. F. W. Straßburg, Duisburg, Prof. Dr.-Ing. H. Opitz, Aachen, und Dr.-Ing. K. H. Fröhlich, Köln
Einfluß des Gefüges auf die Zerspanbarkeit von Einsatz- und Vergütungsstählen
in Vorbereitung

HEFT 285
Prof. Dr.-Ing. O. Kienzle, Dr.-Ing. K. Lange, Hannover, und Dipl.-Ing. H. Meinert, Osterode
Einfluß der Oberfläche auf das Verschleißverhalten von Schmiedegesenken
in Vorbereitung

HEFT 286
Dr.-Ing. K. Lange, Hannover, Dipl.-Ing. H. Meinert, Osterode, unter Mitarbeit von Dr.-Ing. H. Arend, Mülheim (Ruhr)
Verschleißverhalten hartverchromter Schmiedegesenke
in Vorbereitung

HEFT 287
Prof. Dr.-Ing. K. Krekeler, Aachen
Änderungen der mechanischen Eigenschaftswerte thermoplastischer Kunststoffe bei Beanspruchung in verschiedenen Medien
in Vorbereitung

HEFT 288
Dr. K. Brücker-Steinkuhl, Düsseldorf
Anwendung mathematisch-statistischer Verfahren in der Industrie
in Vorbereitung

HEFT 289
Prof. Dr.-Ing. H. Winterhager, Aachen
Kombinierter Widerstands- und Lichtbogen-Vakuumofen zur Verarbeitung von Titanschwamm
Prof. Dr. Dr. h. c. R. Schwarz, Aachen
Erforschung neuer Wege zur Darstellung von Titanmetall
in Vorbereitung

HEFT 290
Dr. D. Horstmann, Düsseldorf
I. Der verstärkte Angriff des Zinks auf Eisen im Temperaturgebiet um 500° C
II. Einfluß eines Antimongehaltes auf den Angriff von Zinkschmelzen auf Eisen
in Vorbereitung

HEFT 291
Dr.-Ing. H. J. Wiester und Dr. D. Horstmann, Düsseldorf
Der Angriff eisengesättigter Zinkschmelzen auf silizium- und manganhaltiges Eisen
in Vorbereitung

HEFT 292
Dipl.-Ing. W. Rohs und Text.-Ing. H. Griese, Bielefeld
Webversuche an Leinenwebstühlen mit verbesserter Schaftbewegung
in Vorbereitung

HEFT 293
Prof. J. W. Korte, unter Mitarbeit von Dipl.-Ing. P. A. Mäcke und Dipl.-Ing. W. Leutzbach, Aachen
Die Leistungsfähigkeit von Verkehrsanlagen des motorisierten städtischen Straßenverkehrs
in Vorbereitung

HEFT 294
Dipl.-Ing. B. Naendorf, Essen
Untersuchungen industrieller Gasbrenner
in Vorbereitung

HEFT 295
Prof. Dr.-Ing. H. Opitz und Dipl.-Ing. H. Axer, Aachen
Untersuchung und Weiterentwicklung neuartiger elektrischer Bearbeitungsverfahren
in Vorbereitung

HEFT 296
Prof. Dr.-Ing. H. Opitz, Aachen
I. Untersuchungen an elektronischen Regelantrieben
II. Statistische Untersuchungen zur Ausnutzung von Drehbänken
in Vorbereitung

HEFT 297
Dr. K. Schaarwächter, Düsseldorf
Die Reduktion von Siliziumtetrachlorid im Lichtbogen zur nachfolgenden Silizierung von Eisenblechen
in Vorbereitung

HEFT 298
Prof. Dr.-Ing. E. Oehler, Aachen
Untersuchung von kritischen Drehzahlen, die durch Kreiselmomente verursacht werden
in Vorbereitung

HEFT 299
Dr. J. Fassbender und W. Hoppe, Bonn
Eine photoelektrische Nachlaufeinrichtung für Analogie-Rechenmaschinen
in Vorbereitung

HEFT 300
Prof. Dr. E. Schütz und Privatdozent Dr. H. Caspers, Münster
Tierexperimentelle Untersuchungen über die Alkoholwirkungen auf Erregbarkeit und bioelektrische Spontanaktivität der Hirnrinde
in Vorbereitung

HEFT 301
Prof. Dr. W. Weltzien, Dr. G. Cossmann und P. Diehl, Krefeld
Über die fraktionierte Füllung von Polyamiden (II)
in Vorbereitung

HEFT 302
Prof. Dr.-Ing. W. Wegener und Dipl.-Ing. Willi Zahn, Aachen
Untersuchungen von gesponnenen Garnen auf ihre Gleichmäßigkeit nach verschiedenen Meßmethoden
in Vorbereitung

HEFT 303
Prof. Dr.-Ing. S. Kiesskalt, Aachen
Das Institut der Forschungsgesellschaft Verfahrenstechnik e. V. an der Technischen Hochschule Aachen
in Vorbereitung

HEFT 304
Prof. Dr.-Ing. K. Krekeler, Düsseldorf, und Dipl.-Ing. A. Kleine-Albers, Aachen
Beitrag zur thermoelastischen Warmformbarkeit von Hart PVC
in Vorbereitung

HEFT 305
Prof. Dr.-Ing. K. Krekeler, Düsseldorf, Dr.-Ing. H. Peukert, Aachen, und Dipl.-Ing. W. Schmitz, Siegburg
Heißgas-Schweißung von Hart-Polyvinylchlorid mit Zusatzwerkstoff
in Vorbereitung

HEFT 306
Prof. Dr. B. Rensch, Münster
Elektrophysiologische Untersuchungen zur Analysierung der Bildung von Assoziationen und Gedächtnisspuren in Gehirn und Rückenmark
Prof. Dr. A. Loeser, Münster
Akute und chronische Giftwirkungen sauerstoffhaltiger Lösungsmittel
in Vorbereitung

HEFT 307
Privatdozent Dr. J. Juilfs, Krefeld
Vergleichende Untersuchungen zur elastischen und bleibenden Dehnung von Fasern
in Vorbereitung

HEFT 308
Privatdozent Dr. J. Juilfs, Krefeld
Zur Messung der Fadenglätte
in Vorbereitung

HEFT 309
Prof. Dr. K. Cruse und Mitarbeiter, Clausthal-Zellerfeld
Aufbau und Arbeitsweise eines universell verwendbaren Hochfrequenz-Titrationsgerätes
in Vorbereitung

HEFT 310
Dr. P. F. Müller, Bonn
Die Integrieranlage des Rheinisch-Westfälischen Instituts für Instrumentelle Mathematik in Bonn
in Vorbereitung

HEFT 311
Prof. Dr. F. Wever und Dr. M. Hempel, Düsseldorf
Dauerschwingfestigkeit von Stählen bei erhöhten Temperaturen
Teil I: Erkenntnisse aus bisherigen Dauerschwingversuchen in der Wärme
in Vorbereitung

HEFT 312
Prof. Dr. F. Wever und Dr. M. Hempel, Düsseldorf
Dauerschwingfestigkeit von Stählen bei erhöhten Temperaturen
Teil II: Zug-Druck-Dauerschwingversuche an zwei warmfesten Stählen bei Temperaturen von 500 bis 650°
in Vorbereitung

HEFT 313
Prof. Dr. F. Wever, Dr. W. Koch und Dipl.-Phys. H. Rohde, Düsseldorf
Änderungen des Habitus und der Gitterkonstanten des Zementits in Chromstählen bei verschiedenen Wärmebehandlungen
in Vorbereitung

WESTDEUTSCHER VERLAG · KÖLN UND OPLADEN

HEFT 314
Prof. Dr. F. Wever und Dr.-Ing. A. Krisch, Düsseldorf, und Dr.-Ing. H.-J. Wiester, Essen
Veränderungen im Gefügeaufbau von Chrom-Nickel-Molybdän-Stählen bei langzeitiger Beanspruchung im Zeitstandversuch bei 500°
in Vorbereitung

HEFT 315
Prof. Dr. F. Wever und Dr.-Ing. A. Krisch, Düsseldorf
Metallkundliche Untersuchungen an Zeitstandproben
in Vorbereitung

HEFT 316
Dr. F. Keune, Aachen
Zusammenfassende Darstellung und Erweiterung des Aequivalenzsatzes für schallnahe Strömung
in Vorbereitung

HEFT 317
Dr.-Ing. J. Stelter, Aachen
Mikrobiologische Ultraschallwirkungen
in Vorbereitung

HEFT 318
Dipl.-Ing. H. Kickert, Aachen
Über die Ausbreitung von Ultraschall in Luft
in Vorbereitung

HEFT 319
Prof. Dr. C. Kröger, Aachen
Gemengereaktionen und Glasschmelze
in Vorbereitung

HEFT 320
Dr. H.-E. Caspary, Köln
Verwendung von Szintillationszählern anstelle von Zählrohren zur zerstörungsfreien Materialprüfung
in Vorbereitung

HEFT 321
Prof. Dr. F. Wever, Düsseldorf und Dr. W. Wepner, Köln
Gleichzeitige Bestimmung kleiner Kohlenstoff- und Stickstoffgehalte im α-Eisen durch Dämpfungsmessung
in Vorbereitung

HEFT 322
Prof. Dr.-Ing. F. Bollenrath und Dipl.-Ing. W. Domke, Aachen
Eigenspannungen in vergüteten, dickwandigen Stahlzylindern nach Oberflächenhärtung mit induktiver Erwärmung
in Vorbereitung

HEFT 323
Prof. Dr. R. Seyffert, Köln
Wege und Kosten der Distribution der Textilien, Schuh- und Lederwaren
in Vorbereitung

HEFT 324
Prof. Dr.-Ing. H. Opitz, Dr.-Ing. E. Salje und Dipl.-Ing. K. E. Schwartz, Aachen
Richtwerte für das Außenrund-Längs- und Einstechschleifen
in Vorbereitung

HEFT 325
Prof. Dr. E. Schratz, Münster
Pharmakognostische Untersuchungen am Medizinal-Rhabarber
in Vorbereitung

HEFT 326
Prof. Dr.-Ing. E. Essers und Mitarbeiter, Aachen
Deichselkräfte an Lastzügen
in Vorbereitung

HEFT 327
Prof. Dr.-Ing. K. Krekeler und Dr.-Ing. H. Peukert, Aachen
Beitrag zur thermoelastischen Formbarkeit von Polyäthylen
in Vorbereitung

HEFT 328
Dr. H. Maeder, Belo Horizonte
Schweißen von Temperguß
in Vorbereitung

HEFT 329
Dipl.-Ing. A. Krüger, Karlsruhe, und Feuerwehr-Ing. R. Radusch, Dortmund
Wasserzerstäubung im Strahlrohr
in Vorbereitung

HEFT 330
Dipl.-Physiker E. Pepping, Aachen
Die Durchflußzahl des Rechteckschlitzes in einer sehr großen Wand
in Vorbereitung

HEFT 331
Dipl.-Ing. G. Bretschneider, Ruit
Die Messung der wiederkehrenden Spannung mit Hilfe des Netzmodelles
in Vorbereitung

HEFT 332
Prof. Dr.-Ing. R. Jaeckel und Dr. G. Reich, Bonn
Messung von Dampfdrucken im Gebiet unter 10^{-2} Torr
in Vorbereitung

HEFT 333
Prof. Dipl.-Ing. W. Sturtzel und Dr.-Ing. W. Graff, Duisburg
I. Der Flachwassereinfluß auf den Form- und Reibungswiderstand von Binnenschiffen
II. Der Flachwassereinfluß auf die Nachstrom- und Sogverhältnisse bei Binnenschiffen
in Vorbereitung

HEFT 334
Prof. Dr. W. Weizel und Dr. G. Meister, Bonn
Spektralanalyse durch Messung des Interferenz-Kontrasts
in Vorbereitung

HEFT 335
Prof. Dr. W. Weizel und H. Hornberg, Bonn
Untersuchungen der anodischen Teile einer Glimmentladung
in Vorbereitung

HEFT 336
Dr. Tung-ping Yao, Aachen
Die Viskosität metallischer Schmelzen
in Vorbereitung

HEFT 337
Dr. R. Hoeppener und Dr. W. Bierther, Bonn
Tektonik und Lagerstätten im Rheinischen Schiefergebirge
in Vorbereitung

HEFT 338
Prof. Dr.-Ing. W. Wegener, Aachen, und Dipl.-Ing. J. Schneider, M.-Gladbach
Die Bedeutung der Knotenart für die Herabminderung der Fadenbrüche
in Vorbereitung

HEFT 339
Prof. Dr.-Ing. W. Wegener und Dipl.-Ing. W. Zahn, Aachen
Vergleich des normalen mit verschiedenen abgekürzten Baumwollspinnverfahren in bezug auf Gleichmäßigkeit und Sortierungsstreuung der Garne
in Vorbereitung

HEFT 340
Dipl.-Ing. W. Rohs und Dipl.-Ing. R. Otto, Bielefeld
Das Naßspinnen von Bastfasergarnen mit Spinnbadzusätzen unter Ausnutzung einer zentralen Spinnwasserversorgungsanlage
in Vorbereitung

HEFT 341
Prof. Dr.-Ing. H. Winterhager und Dipl.-Ing. L. Werner, Aachen
Präzisions-Meßverfahren zur Bestimmung des elektrischen Leitvermögens geschmolzener Salze
in Vorbereitung

HEFT 342
Prof. Dr.-Ing. H. Winterhager und Dipl.-Ing. W. Barthel, Aachen
Die Gewinnung von Titanschlackenkonzentraten aus eisenreichen Ilemniten
in Vorbereitung

HEFT 343
Prof. Dr.-Ing. W. Petersen, Aachen, und Dipl.-Ing. S. Wawroschek, Aachen
Die zweckmäßigsten Gütebestimmungsverfahren und Brikettierungsbedingungen bei der Erzeugung von Braunkohlen-Eisenerz-Briketts
in Vorbereitung

HEFT 344
Prof. Dr.-Ing. W. Fucks, Aachen
Zur Deutung einfachster mathematischer Sprachcharakteristiken
in Vorbereitung

HEFT 345
Dipl.-Ing. G. Cerbe und Dipl.-Ing. H. Monstadt, Essen
Konvektive Trocknung mit gasbeheizter Luft und Trocknung durch Gasstrahler
in Vorbereitung

HEFT 346
Dipl.-Ing. O. Arnold, Aachen
Erfahrungen mit Kernbohrungen zur Lagerstättenuntersuchung im Erzbergbau
in Vorbereitung

HEFT 347
S. Ruff, F. Kipp, H. Hansteen und G. Müller, Bonn
Untersuchungen zur Frage der Gehörschädigungen des fliegenden Personals der Propellerflugzeuge
in Vorbereitung

WESTDEUTSCHER VERLAG · KÖLN UND OPLADEN

VERÖFFENTLICHUNGEN DER ARBEITSGEMEINSCHAFT FÜR FORSCHUNG DES LANDES NORDRHEIN-WESTFALEN

NATURWISSENSCHAFTEN

Im Auftrage des Ministerpräsidenten Fritz Steinhoff
herausgegeben von Staatssekretär Prof. Leo Brandt

HEFT 1
Prof. Dr.-Ing. Friedrich Seewald, Aachen
Neue Entwicklungen auf dem Gebiet der Antriebsmaschinen
Prof. Dr.-Ing. Friedrich A. F. Schmidt, Aachen
Technischer Stand und Zukunftsaussichten der Verbrennungsmaschinen, insbesondere der Gasturbinen
Dr.-Ing. Rudolf Friedrich, Mülheim (Ruhr)
Möglichkeiten und Voraussetzungen der industriellen Verwertung der Gasturbine
1951, 52 Seiten, 15 Abb., kartoniert, DM 2,75

HEFT 2
Prof. Dr.-Ing. Wolfgang Riezler, Bonn
Probleme der Kernphysik
Prof. Dr. Fritz Micheel, Münster
Isotope als Forschungsmittel in der Chemie und Biochemie
1951, 40 Seiten, 10 Abb., kartoniert, DM 2,40

HEFT 3
Prof. Dr. Emil Lehnartz, Münster
Der Chemismus der Muskelmaschine
Prof. Dr. Gunther Lehmann, Dortmund
Physiologische Forschung als Voraussetzung der Bestgestaltung der menschlichen Arbeit
Prof. Dr. Heinrich Kraut, Dortmund
Ernährung und Leistungsfähigkeit
1951, 60 Seiten, 35 Abb., kartoniert, DM 3,50

HEFT 4
Prof. Dr. Franz Wever, Düsseldorf
Aufgaben der Eisenforschung
Prof. Dr.-Ing. Hermann Schenck, Aachen
Entwicklungslinien des deutschen Eisenhüttenwesens
Prof. Dr.-Ing. Max Haas, Aachen
Wirtschaftliche Bedeutung der Leichtmetalle und ihre Entwicklungsmöglichkeiten
1952, 60 Seiten, 20 Abb., kartoniert, DM 3,50

HEFT 5
Prof. Dr. Walter Kikuth, Düsseldorf
Virusforschung
Prof. Dr. Rolf Danneel, Bonn
Fortschritte der Krebsforschung
Prof. Dr. Dr. Werner Schulemann, Bonn
Wirtschaftliche und organisatorische Gesichtspunkte für die Verbesserung unserer Hochschulforschung
1952, 50 Seiten, 2 Abb., kartoniert, DM 2,75

HEFT 6
Prof. Dr. Walter Weizel, Bonn
Die gegenwärtige Situation der Grundlagenforschung in der Physik
Prof. Dr. Siegfried Strugger, Münster
Das Duplikantenproblem in der Biologie
Direktor Dr. Fritz Gummert, Essen
Überlegungen zu den Faktoren Raum und Zeit im biologischen Geschehen und Möglichkeiten einer Nutzanwendung
1952, 64 Seiten, 20 Abb., kartoniert, DM 3,—

HEFT 7
Prof. Dr.-Ing. August Götte, Aachen
Steinkohle als Rohstoff und Energiequelle
Prof. Dr. Dr. E. h. Karl Ziegler, Mülheim (Ruhr)
Über Arbeiten des Max-Planck-Institutes für Kohlenforschung
1953, 66 Seiten, 4 Abb., kartoniert, DM 3,60

HEFT 8
Prof. Dr.-Ing. Wilhelm Fucks, Aachen
Die Naturwissenschaft, die Technik und der Mensch
Prof. Dr. Walther Hoffmann, Münster
Wirtschaftliche und soziologische Probleme des technischen Fortschritts
1952, 84 Seiten, 12 Abb., kartoniert, DM 4,80

HEFT 9
Prof. Dr.-Ing. Franz Bollenrath, Aachen
Zur Entwicklung warmfester Werkstoffe
Prof. Dr. Heinrich Kaiser, Dortmund
Stand spektralanalytischer Prüfverfahren und Folgerung für deutsche Verhältnisse
1952, 100 Seiten, 62 Abb., kartoniert, DM 6,—

HEFT 10
Prof. Dr. Hans Braun, Bonn
Möglichkeiten und Grenzen der Resistenzzüchtung
Prof. Dr.-Ing. Carl Heinrich Dencker, Bonn
Der Weg der Landwirtschaft von der Energieautarkie zur Fremdenergie
1952, 74 Seiten, 23 Abb., kartoniert, DM 4,30

HEFT 11
Prof. Dr.-Ing. Herwart Opitz, Aachen
Entwicklungslinien der Fertigungstechnik in der Metallbearbeitung
Prof. Dr.-Ing. Karl Krekeler, Aachen
Stand und Aussichten der schweißtechnischen Fertigungsverfahren
1952, 72 Seiten, 49 Abb., kartoniert, DM 5,—

HEFT 12
Dr. Hermann Rathert, Wuppertal-Elberfeld
Entwicklung auf dem Gebiet der Chemiefaser-Herstellung
Prof. Dr. Wilhelm Weltzien, Krefeld
Rohstoff und Veredlung in der Textilwirtschaft
1952, 84 Seiten, 29 Abb., kartoniert, DM 4,80

HEFT 13
Dr.-Ing. E. h. Karl Herz, Frankfurt a. M.
Die technischen Entwicklungstendenzen im elektrischen Nachrichtenwesen
Staatssekretär Prof. Leo Brandt, Düsseldorf
Navigation und Luftsicherung
1952, 102 Seiten, 97 Abb., kartoniert, DM 7,25

HEFT 14
Prof. Dr. Burckhardt Helferich, Bonn
Stand der Enzymchemie und ihre Bedeutung
Prof. Dr. Hugo Wilhelm Knipping, Köln
Ausschnitt aus der klinischen Carcinomforschung am Beispiel des Lungenkrebses
1952, 72 Seiten, 12 Abb., kartoniert, DM 4,30

HEFT 15
Prof. Dr. Abraham Esau †, Aachen
Ortung mit elektrischen und Ultraschallwellen in Technik und Natur
Prof. Dr.-Ing. Eugen Flegler, Aachen
Die ferromagnetischen Werkstoffe der Elektrotechnik und ihre neueste Entwicklung
1953, 84 Seiten, 25 Abb., kartoniert, DM 4,80

HEFT 16
Prof. Dr. Rudolf Seyffert, Köln
Die Problematik der Distribution
Prof. Dr. Theodor Beste, Köln
Der Leistungslohn
1952, 70 Seiten, 1 Abb., kartoniert, DM 3,50

HEFT 17
Prof. Dr.-Ing. Friedrich Seewald, Aachen
Luftfahrtforschung in Deutschland und ihre Bedeutung für die allgemeine Technik
Prof. Dr.-Ing. Edouard Houdremont, Essen
Art und Organisation der Forschung in einem Industrieforschungsinstitut der Eisenindustrie
1953, 90 Seiten, 4 Abb., kartoniert, DM 4,20

HEFT 18
Prof. Dr. Dr. Werner Schulemann, Bonn
Theorie und Praxis pharmakologischer Forschung
Prof. Dr. Wilhelm Groth, Bonn
Technische Verfahren zur Isotopentrennung
1953, 72 Seiten, 17 Abb., kartoniert, DM 4,—

HEFT 19
Dipl.-Ing. Kurt Traencker, Essen
Entwicklungstendenzen der Gaserzeugung
1953, 26 Seiten, 12 Abb., kartoniert, DM 1,60

HEFT 20
M. Zvegintzow, London
Wissenschaftliche Forschung und die Auswertung ihrer Ergebnisse
Ziel und Tätigkeit der National Research Development Corporation
Dr. Alexander King, London
Wissenschaft und internationale Beziehungen
1954, 88 Seiten, kartoniert, DM 4,20

HEFT 21
Prof. Dr. Robert Schwarz, Aachen
Wesen und Bedeutung der Silicium-Chemie
Prof. Dr. Dr. h. c. Kurt Alder, Köln
Fortschritte in der Synthese von Kohlenstoffverbindungen
1954, 76 Seiten, 49 Abb., kartoniert, DM 4,—

HEFT 21a
Prof. Dr. Dr. h. c. Otto Hahn, Göttingen
Die Bedeutung der Grundlagenforschung für die Wirtschaft
Prof. Dr. Siegfried Strugger, Münster
Die Erforschung des Wasser- und Nährsalztransportes im Pflanzenkörper mit Hilfe der fluoreszenzmikroskopischen Kinematographie
1953, 74 Seiten, 26 Abb., kartoniert, DM 5,—

HEFT 22
Prof. Dr. Johannes von Allesch, Göttingen
Die Bedeutung der Psychologie im öffentlichen Leben
Prof. Dr. Otto Graf, Dortmund
Triebfedern menschlicher Leistung
1953, 80 Seiten, 19 Abb., kartoniert, DM 4,—

HEFT 23
Prof. Dr. Dr. h. c. Bruno Kuske, Köln
Zur Problematik der wirtschaftswissenschaftlichen Raumforschung
Prof. Dr.-Ing. E. h. Stephan Prager, Düsseldorf
Städtebau und Landesplanung
1954, 84 Seiten, kartoniert, DM 3,50

HEFT 24
Prof. Dr. Rolf Danneel, Bonn
Über die Wirkungsweise der Erbfaktoren
Prof. Dr. Kurt Herzog, Krefeld
Bewegungsbedarf der menschlichen Gliedmaßengelenke bei der Berufsarbeit
1953, 76 Seiten, 18 Abb., kartoniert, DM 4,—

WESTDEUTSCHER VERLAG · KÖLN UND OPLADEN

HEFT 25
Prof. Dr. Otto Haxel, Heidelberg
Energiegewinnung aus Kernprozessen
Dr.-Ing. Dr. Max Wolf, Düsseldorf
Gegenwartsprobleme der energiewirtschaftlichen Forschung
1953, 98 Seiten, 27 Abb., kartoniert, DM 5,25

HEFT 26
Prof. Dr. Friedrich Becker, Bonn
Ultrakurzwellenstrahlung aus dem Weltraum
Dr. Hans Straßl, Bonn
Bemerkenswerte Doppelsterne und das Problem der Sternentwicklung
1954, 70 Seiten, 8 Abb., kartoniert, DM 3,60

HEFT 27
Prof. Dr. Heinrich Behnke, Münster
Der Strukturwandel der Mathematik in der ersten Hälfte des 20. Jahrhunderts
Prof. Dr. Emanuel Sperner, Hamburg
Eine mathematische Analyse der Luftdruckverteilungen in großen Gebieten
1956, 96 Seiten, 12 Abb, 5 Tab., kartoniert, DM 5,—

HEFT 28
Prof. Dr. Oskar Niemczyk, Aachen
Die Problematik gebirgsmechanischer Vorgänge im Steinkohlenbergbau
Prof. Dr. Wilhelm Ahrens, Krefeld
Die Bedeutung geologischer Forschung für die Wirtschaft, besonders in Nordrhein-Westfalen
1955, 96 Seiten, 12 Abb., kartoniert, DM 5,25

HEFT 29
Prof. Dr. Bernhard Rensch, Münster
Das Problem der Residuen bei Lernleistungen
Prof. Dr. Hermann Fink, Köln
Über Leberschäden bei der Bestimmung des biologischen Wertes verschiedener Eiweiße von Mikroorganismen
1954, 96 Seiten, 23 Abb., kartoniert, DM 5,25

HEFT 30
Prof. Dr.-Ing. Friedrich Seewald, Aachen
Forschungen auf dem Gebiete der Aerodynamik
Prof. Dr.-Ing. Karl Leist, Aachen
Einige Forschungsarbeiten aus der Gasturbinentechnik
1955, 98 Seiten, 45 Abb., kartoniert, DM 7,—

HEFT 31
Prof. Dr.-Ing. Dr. h. c. Fritz Mietzsch, Wuppertal
Chemie und wirtschaftliche Bedeutung der Sulfonamide
Prof. Dr. Dr. h. c. Gerhard Domagk, Wuppertal
Die experimentellen Grundlagen der bakteriellen Infektionen
1954, 82 Seiten, 2 Abb., kartoniert, DM 4,—

HEFT 32
Prof. Dr. Hans Braun, Bonn
Die Verschleppung von Pflanzenkrankheiten und -schädigungen über die Welt
Prof. Dr. Wilhelm Rudorf, Voldagsen
Der Beitrag von Genetik und Züchtung zur Bekämpfung von Viruskrankheiten der Nutzpflanzen
1953, 88 Seiten, 36 Abb., kartoniert, DM 5,—

HEFT 33
Prof. Dr.-Ing. Volker Aschoff, Aachen
Probleme der elektroakustischen Einkanalübertragung
Prof. Dr.-Ing. Herbert Döring, Aachen
Erzeugung und Verstärkung von Mikrowellen
1954, 74 Seiten, 23 Abb., kartoniert, DM 4,30

HEFT 34
Geheimrat Prof. Dr. Dr. Rudolf Schenck, Aachen
Bedingungen und Gang der Kohlenhydratsynthese im Licht
Prof. Dr. Emil Lehnartz, Münster
Die Endstufen des Stoffabbaues im Organismus
1954, 80 Seiten, 11 Abb., kartoniert, DM 4,20

HEFT 35
Prof. Dr.-Ing. Hermann Schenck, Aachen
Gegenwartsprobleme der Eisenindustrie in Deutschland
Prof. Dr.-Ing. Eugen Piwowarsky †, Aachen
Gelöste und ungelöste Probleme im Gießereiwesen
1954, 110 Seiten, 67 Abb., kartoniert, DM 6,50

HEFT 36
Prof. Dr. Wolfgang Riezler, Bonn
Teilchenbeschleuniger
Prof. Dr. Gerhard Schubert, Hamburg
Anwendung neuer Strahlenquellen in der Krebstherapie
1954, 104 Seiten, 43 Abb., kartoniert, DM 7,—

HEFT 37
Prof. Dr. Franz Lotze, Münster
Probleme der Gebirgsbildung
Bergwerksdirektor Bergassessor a.D. G. Rauschenbach, Essen
Die Erhaltung der Förderungskapazität des Ruhrbergbaues auf lange Sicht
in Vorbereitung

HEFT 38
Dr. E. Colin Cherry, London
Kybernetik
Prof. Dr. Erich Pietsch, Clausthal-Zellerfeld
Dokumentation und mechanisches Gedächtnis — zur Frage der Ökonomie der geistigen Arbeit
1954, 108 Seiten, 31 Abb., kartoniert, DM 5,25

HEFT 39
Dr. Heinz Haase, Hamburg
Infrarot und seine technischen Anwendungen
Prof. Dr. Abraham Esau †, Aachen
Ultraschall und seine technischen Anwendungen
1955, 80 Seiten, 25 Abb., kartoniert, DM 4,80

HEFT 40
Bergassessor Fritz Lange, Bochum-Hordel
Die wirtschaftliche und soziale Bedeutung der Silikose im Bergbau
Prof. Dr. Walter Kikuth, Düsseldorf
Die Entstehung der Silikose und ihre Verhütungsmaßnahmen
1954, 120 Seiten, 40 Abb., kartoniert, DM 7,25

HEFT 40a
Prof. Dr. Eberhard Gross, Bonn
Berufskrebs und Krebsforschung
Prof. Dr. Hugo Wilhelm Knipping, Köln
Die Situation der Krebsforschung vom Standpunkt der Klinik
1955, 88 Seiten, 31 Abb., kartoniert, DM 5,—

HEFT 41
Direktor Dr.-Ing. Gustav-Victor Lachmann, London
An einer neuen Entwicklungsschwelle im Flugzeugbau
Direktor Dr.-Ing. A. Gerber, Zürich-Oerlikon
Stand der Entwicklung der Raketen- und Lenktechnik
1955, 88 Seiten, 44 Abb., kartoniert, DM 6,—

HEFT 42
Prof. Dr. Theodor Kraus, Köln
Lokalisationsphänomene und Raumordnung vom Standpunkt der geographischen Wissenschaft
Direktor Dr. Fritz Gummert, Essen
Vom Ernährungsversuchsfeld der Kohlenstoffbiologischen Forschungsstation Essen
in Vorbereitung

HEFT 42a
Prof. Dr. Dr. h. c. Gerhard Domagk, Wuppertal
Fortschritte auf dem Gebiet der experimentellen Krebsforschung
1954, 46 Seiten, kartoniert, DM 2,—

HEFT 43
Prof. Giovanni Lampariello, Rom
Über Leben und Werk von Heinrich Hertz
Prof. Dr. Walter Weizel, Bonn
Über das Problem der Kausalität in der Physik
1955, 76 Seiten kartoniert, DM 3,30

HEFT 43a
Prof. Dr. José Mª Albareda, Madrid
Die Entwicklung der Forschung in Spanien
in Vorbereitung

HEFT 44
Prof. Dr. Burckhardt Helferich, Bonn
Über Glykoside
Prof. Dr. Fritz Micheel, Münster
Kohlenhydrat-Eiweiß-Verbindungen und ihre biochemische Bedeutung
in Vorbereitung

HEFT 45
Prof. Dr. John von Neumann, Princeton, USA
Entwicklung und Ausnutzung neuerer mathematischer Maschinen
Prof. Dr. E. Stiefel, Zürich
Rechenautomaten im Dienste der Technik mit Beispielen aus dem Züricher Institut für angewandte Mathematik
1955, 74 Seiten, 6 Abb., kartoniert, DM 3,50

HEFT 46
Prof. Dr. Wilhelm Weltzien, Krefeld
Ausblick auf die Entwicklung synthetischer Fasern
Prof. Dr. Walther Hoffmann, Münster
Wachstumsformen der Industriewirtschaft
in Vorbereitung

HEFT 47
Staatssekretär Prof. Leo Brandt, Düsseldorf
Die praktische Förderung der Forschung in Nordrhein-Westfalen
Prof. Dr. Ludwig Raiser, Bad Godesberg
Die Förderung der angewandten Forschung durch die Deutsche Forschungsgemeinschaft
in Vorbereitung

HEFT 48
Dr. Hermann Tromp, Rom
Bestandsaufnahme der Wälder der Welt als internationale und wissenschaftliche Aufgabe
Prof. Dr. Franz Heske, Schloß Reinbek
Die Wohlfahrtswirkungen des Waldes als internationales Problem
in Vorbereitung

HEFT 49
Präsident Dr. G. Böhnecke, Hamburg
Zeitfragen der Ozeanographie
Reg.-Direktor Dr. H. Gabler, Hamburg
Nautische Technik und Schiffssicherheit
1955, 120 Seiten, 49 Abb., kartoniert, DM 7,50

HEFT 50
Prof. Dr.-Ing. Friedrich A. F. Schmidt, Aachen
Probleme der Selbstzündung und Verbrennung bei der Entwicklung der Hochleistungskraftmaschinen
Prof. Dr.-Ing. A. W. Quick, Aachen
Ein Verfahren zur Untersuchung des Austauschvorganges in verwirbelten Strömungen hinter Körpern mit abgelöster Strömung
in Vorbereitung

HEFT 51
Prof. Dr. Siegfried Strugger, Münster
Struktur, Entwicklungsgeschichte und Physiologie der Chloroplasten
Direktor Dr. J. Pätzold, Erlangen
Therapeutische Anwendung mechanischer und elektrischer Energie
in Vorbereitung

HEFT 52
Mr. Patmore, London
Lufttüchtigkeit und technische Prüfung der Flugzeuge in England
Prof. A. D. Young, Cranfield
Die Ausbildung des Ingenieurnachwuchses auf dem Luftfahrtgebiet in England
in Vorbereitung

JAHRESFEIER 1955
Prof. Dr. Josef Pieper, Münster
Über den Philosophie-Begriff Platons
Prof. Dr. Walter Weizel, Bonn
Die Mathematik und die physikalische Realität
1955, 62 Seiten, kartoniert, DM 2,90

HEFT 52a
Dr. D. C. Martin, London
Geschichte und Organisation der Royal Society
Dr. Roux, Südafrika
Probleme der wissenschaftlichen Forschung in der Südafrikanischen Union
in Vorbereitung

HEFT 53
Prof. Dr.-Ing. Georg Schnadel, Hamburg
Forschungsaufgaben zur Untersuchung der Festigkeitsprobleme im Schiffsbau
Prof. Dipl.-Ing. Wilhelm Sturtzel, Duisburg
Forschungsaufgaben zur Untersuchung der Widerstandsprobleme im Schiffsbau
in Vorbereitung

HEFT 53a
Prof. Giovanni Lampariello, Rom
Von Galilei zu Einstein
1956, 92 Seiten, kartoniert, DM 4,20

HEFT 54
Prof. Dr. Julius Bartels, Göttingen
Sonne und Erde — das Thema des internationalen geophysikalischen Jahres
Direktor Dr. Walter Dieminger, Lindau/Harz
Ionosphäre und drahtloser Weitverkehr
in Vorbereitung

HEFT 54a
Sir John Cockcroft, London
Die friedliche Anwendung der Kernenergie
in Vorbereitung

HEFT 55
Prof. Dr.-Ing. Fritz Schultz-Grunow, Aachen
Das Kriechen und Fließen hochzäher und plastischer Stoffe
Prof. Dr.-Ing. Hans Ebner, Aachen
Wege und Ziele der Festigkeitsforschung besonders im Hinblick auf den Leichtbau
in Vorbereitung

WESTDEUTSCHER VERLAG · KÖLN UND OPLADEN

HEFT 56
Prof. Dr. Ernst Derra, Düsseldorf
Der Entwicklungsstand der Herzchirurgie
Prof. Dr. Gunther Lehmann, Dortmund
Muskelarbeit und Muskelermüdung in Theorie und Praxis
in Vorbereitung

HEFT 57
Prof. Dr. Theodor von Kármán, Pasadena
Freiheit und Organisation in der Luftfahrtforschung
in Vorbereitung

HEFT 58
Prof. Dr. Fritz Schröter, Ulm
Neue Forschungs- und Entwicklungsrichtungen im Fernsehen
Prof. Dr. Albert Narath, Berlin
Der gegenwärtige Stand der Filmtechnik
in Vorbereitung

HEFT 59
Prof. Dr. Richard Courant, New York
Die Bedeutung der modernen mathematischen Rechenmaschinen für mathematische Probleme der Hydrodynamik und Reaktortechnik
Prof. Dr. Ernst Peschl, Bonn
Die Rolle der komplexen Zahlen in der Mathematik und die Bedeutung der komplexen Analysis
in Vorbereitung

VERÖFFENTLICHUNGEN DER ARBEITSGEMEINSCHAFT FÜR FORSCHUNG DES LANDES NORDRHEIN-WESTFALEN

GEISTESWISSENSCHAFTEN

Im Auftrage des Ministerpräsidenten Fritz Steinhoff
herausgegeben von Staatssekretär Prof. Leo Brandt

HEFT 1
Prof. Dr. Werner Richter, Bonn
Die Bedeutung der Geisteswissenschaften für die Bildung unserer Zeit
Prof. Dr. Joachim Ritter, Münster
Die aristotelische Lehre vom Ursprung und Sinn der Theorie
1953, 64 Seiten, kartoniert, DM 2,90

HEFT 2
Prof. Dr. Josef Kroll, Köln
Elysium
Prof. Dr. Günther Jachmann, Köln
Die vierte Ekloge Vergils
1953, 72 Seiten, kartoniert, DM 2,90

HEFT 3
Prof. Dr. Hans Erich Stier, Münster
Die klassische Demokratie
1954, 100 Seiten, kartoniert, DM 4,50

HEFT 4
Prof. Dr. Werner Caskel, Köln
Lihyan und Lihyanisch. Sprache und Kultur eines früharabischen Königreiches
1954, 168 Seiten, 6 Abb., kartoniert, DM 8,25

HEFT 5
Prof. Dr. Thomas Ohm, Münster
Stammesreligionen im südlichen Tanganyika-Territorium
1953, 80 Seiten, 25 Abb., kartoniert, DM 8,—

HEFT 6
Prälat Prof. Dr. Dr. h. c. Georg Schreiber, Münster
Deutsche Wissenschaftspolitik von Bismarck bis zum Atomwissenschaftler Otto Hahn
1954, 102 Seiten, 7 Bilder, kartoniert, DM 5,—

HEFT 7
Prof. Dr. Walter Holtzmann, Bonn
Das mittelalterliche Imperium und die werdenden Nationen
1953, 28 Seiten, kartoniert, DM 1,30

HEFT 8
Prof. Dr. Werner Caskel, Köln
Die Bedeutung der Beduinen in der Geschichte der Araber
1954, 44 Seiten, kartoniert, DM 2,—

HEFT 9
Prälat Prof. Dr. Dr. h. c. Georg Schreiber, Münster
Irland im deutschen und abendländischen Sakralraum

HEFT 10
Prof. Dr. Peter Rassow, Köln
Forschungen zur Reichsidee im 16. und 17. Jahrhundert
1955, 32 Seiten, kartoniert, DM 1,50

HEFT 11
Prof. Dr. Hans Erich Stier, Münster
Roms Aufstieg zur Weltherrschaft
in Vorbereitung

HEFT 12
Prof. D. Karl Heinrich Rengstorf, Münster
Mann und Frau im Urchristentum
Prof. Dr. Hermann Conrad, Bonn
Grundprobleme einer Reform des Familienrechts
1954, 106 Seiten, kartoniert, DM 4,50

HEFT 13
Prof. Dr. Max Braubach, Bonn
Der Weg zum 20. Juli 1944
1953, 48 Seiten, kartoniert, DM 2,20

HEFT 14
Prof. Dr. Paul Hübinger, Münster
Das deutsch-französische Verhältnis und seine mittelalterlichen Grundlagen
in Vorbereitung

HEFT 15
Prof. Dr. Franz Steinbach, Bonn
Der geschichtliche Weg des wirtschaftenden Menschen in die soziale Freiheit und politische Verantwortung
1954, 76 Seiten, kartoniert, DM 2,90

HEFT 16
Prof. Dr. Josef Koch, Köln
Die Ars coniecturalis des Nikolaus von Cues
1956, 56 Seiten, 2 Abb., kartoniert, DM 2,90

HEFT 17
*Prof. Dr. James Conant,
US-Hochkommissar für Deutschland*
Staatsbürger und Wissenschaftler
Prof. D. Karl Heinrich Rengstorf, Münster
Antike und Christentum
1953, 48 Seiten, 2 Abb., kartoniert, DM 2,90

HEFT 18
Prof. Dr. Richard Alewyn, Köln
Klopstocks Publikum
in Vorbereitung

HEFT 19
Prof. Dr. Fritz Schalk, Köln
Das Lächerliche in der französischen Literatur des Ancien Régime
1954, 42 Seiten, kartoniert, DM 2,—

HEFT 20
Prof. Dr. Ludwig Raiser, Bad Godesberg
Rechtsfragen der Mitbestimmung
1954, 48 Seiten, kartoniert, DM 2,—

HEFT 21
Prof. D. Martin Noth, Bonn
Das Geschichtsverständnis der alttestamentlichen Apokalyptik
1953, 36 Seiten, kartoniert, DM 1,60

HEFT 22
Prof. Dr. Walter F. Schirmer, Bonn
Glück und Ende des Königs in Shakespeares Historien
1954, 32 Seiten, kartoniert, DM 1,50

HEFT 23
Prof. Dr. Günther Jachmann, Köln
Der homerische Schiffskatalog und die Ilias
in Vorbereitung

HEFT 24
Prof. Dr. Theodor Klauser, Bonn
Die römischen Petrustraditionen im Lichte der neuen Ausgrabungen unter der Peterskirche
in Vorbereitung

HEFT 25
Prof. Dr. Hans Peters, Köln
Die Gewaltentrennung in moderner Sicht
1955, 48 Seiten, kartoniert, DM 2,20

HEFT 26
Prof. Dr. Fritz Schalk, Köln
Calderon und die Mythologie
in Vorbereitung

HEFT 27
Prof. Dr. Josef Kroll, Köln
Vom Leben geflügelter Worte
in Vorbereitung

WESTDEUTSCHER VERLAG · KÖLN UND OPLADEN

HEFT 28
Prof. Dr. Thomas Ohm, Münster
Die Religionen in Asien
1954, 50 Seiten, 4 Abb., kartoniert, DM 5,—

HEFT 29
Prof. Dr. Johann Leo Weisgerber, Bonn
Die Ordnung der Sprache im persönlichen und öffentlichen Leben
1955, 64 Seiten, kartoniert, DM 2,90

HEFT 30
Prof. Dr. Werner Caskel, Köln
Entdeckungen in Arabien
1954, 44 Seiten, kartoniert, DM 2,—

HEFT 31
Prof. Dr. Max Braubach, Bonn
Entstehung und Entwicklung der landesgeschichtlichen Bestrebungen und historischen Vereine im Rheinland
1955, 32 Seiten, kartoniert, DM 1,60

HEFT 32
Prof. Dr. Fritz Schalk, Köln
Somnium und verwandte Wörter in den romanischen Sprachen
1955, 48 Seiten, 3 Abb., kartoniert, DM 2,50

HEFT 33
Prof. Dr. Friedrich Dessauer, Frankfurt a. M.
Erbe und Zukunft des Abendlandes
in Vorbereitung

HEFT 34
Prof. Dr. Thomas Ohm, Münster
Ruhe und Frömmigkeit
1955, 128 Seiten, 30 Abb., kartoniert, DM 8,—

HEFT 35
Prof. Dr. Hermann Conrad, Bonn
Die mittelalterliche Besiedlung des deutschen Ostens und das Deutsche Recht
1955, 40 Seiten, kartoniert, DM 2,—

HEFT 36
Prof. Dr. Hans Sckommodau, Köln
Die religiösen Dichtungen Margaretes von Navarra
1955, 172 Seiten, kartoniert, DM 7,20

HEFT 37
Prof. Dr. Herbert von Einem, Bonn
Der Mainzer Kopf mit der Binde
1955, 88 Seiten, 40 Abb., kartoniert, DM 6,—

HEFT 38
Prof. Dr. Joseph Höffner, Münster
Statik und Dynamik in der scholastischen Wirtschaftsethik
1955, 48 Seiten, kartoniert, DM 2,20

HEFT 39
Prof. Dr. Fritz Schalk, Köln
Diderots Essai über Claudius und Nero
in Vorbereitung

HEFT 40
Prof. Dr. Gerhard Kegel, Köln
Probleme des internationalen Enteignungs- und Währungsrechts
in Vorbereitung

HEFT 41
Prof. Dr. Johann Leo Weisgerber, Bonn
Die Grenzen der Schrift — Der Kern der Rechtschreibreform
1955, 72 Seiten, kartoniert, DM 3,25

HEFT 42
Prof. Dr. Richard Alewyn, Köln
Von der Empfindsamkeit zur Romantik
in Vorbereitung

HEFT 43
Prof. Dr. Theodor Schieder, Köln
Die Probleme des Rapallo-Vertrages 1922
in Vorbereitung

HEFT 44
Prof. Dr. Andreas Rumpf, Köln
Stilphasen der spätantiken Kunst
in Vorbereitung

HEFT 45
Dr. Ulrich Luck, Münster
Kerygma und Tradition in der Hermeneutik Adolf Schlatters
1955, 136 Seiten, kartoniert, DM 6,15

HEFT 46
Prof. Dr. Walther Holtzmann, Rom
Das Deutsche Historische Institut in Rom
Prof. Dr. Graf Wolff Metternich, Rom
Die Bibliotheca Hertziana und der Palazzo Zuccari
1955, 68 Seiten, 7 Abb., kartoniert, DM 3,50

JAHRESFEIER 1955
Prof. Dr. Josef Pieper, Münster
Über den Philosophie-Begriff Platons
Prof. Dr. Walter Weizel, Bonn
Die Mathematik und die physikalische Realität
1955, 62 Seiten, kartoniert, DM 2,90

HEFT 47
Prof. Dr. Harry Westermann, Münster
Person und Persönlichkeit im Zivilrecht
in Vorbereitung

HEFT 48
Prof. Dr. Johann Leo Weisgerber, Bonn
Die Namen der Ubier
in Vorbereitung

HEFT 49
Prof. Dr. Friedrich Karl Schumann, Münster
Mythos und Technik
in Vorbereitung

HEFT 50
Prof. Dr. Wolfgang Schöne, Hamburg
Raffaels Sixtinische Madonna
in Vorbereitung

HEFT 51
Prälat Prof. Dr. Dr. h. c. Georg Schreiber, Münster
Der Bergbau in Geschichte, Ethos und Sakralkultur
in Vorbereitung

HEFT 52
Prof. Dr. Hans J. Wolff, Münster
Die Rechtsgestalt der Universität
in Vorbereitung

HEFT 53
Prof. Dr. Heinrich Vogt, Bonn
Schadenersatzprobleme im Verhältnis von Haftungsgrund und Schaden
in Vorbereitung

HEFT 54
Prof. Dr. Max Braubach, Bonn
Der Einmarsch der deutschen Truppen in die entmilitarisierte Zone am Rhein im März 1936. Ein Beitrag zur Vorgeschichte des zweiten Weltkrieges
in Vorbereitung

HEFT 55
Prof. Dr. Herbert von Einem, Bonn
Die Menschwerdung Christi des Isenheimer Altars
in Vorbereitung

HEFT 56
Prof. Dr. E. J. Cohn, London
Der englische Gerichtstag
in Vorbereitung

HEFT 57
Dr. Albert Woopen, Aachen
Die Zivilehe und der Grundsatz der Unauflöslichkeit der Ehe in der Entwicklung des italienischen Zivilrechts
1956, 88 Seiten, kartoniert, DM 4,—

WESTDEUTSCHER VERLAG · KÖLN UND OPLADEN

MIX
Papier aus verantwortungsvollen Quellen
Paper from responsible sources
FSC® C105338

If you have any concerns about our products,
you can contact us on
ProductSafety@springernature.com

In case Publisher is established outside the EU,
the EU authorized representative is:
**Springer Nature Customer Service Center GmbH
Europaplatz 3, 69115 Heidelberg, Germany**

Printed by Libri Plureos GmbH
in Hamburg, Germany